W0263671

Luftfahrt und Wissenschaft

In freier Folge herausgegeben

von

Joseph Sticker

Schriftleitung und Verwaltung der Stiftungen:
Professor **A. Berson,**   Dipl.-Ing. **C. Eberhardt,**
Gerichtsassessor **J. Sticker,**   Professor Dr. **R. Süring,**
Wirkl. Geh. Oberbaurat Dr. **H. Zimmermann**

Heft 6

Versuche an Doppeldeckern zur Bestimmung ihrer Eigengeschwindigkeit und Flugwinkel

Von

Wilhelm Hoff

Springer-Verlag Berlin Heidelberg GmbH 1913

Versuche an Doppeldeckern zur Bestimmung ihrer Eigengeschwindigkeit und Flugwinkel

Von

Dr.=Ing. Wilhelm Hoff
Leiter der Flugzeugabteilung
der Deutschen Versuchsanstalt für Luftfahrt E. V. in Berlin-Adlershof

Mit 32 Abbildungen

Springer-Verlag Berlin Heidelberg GmbH 1913

Stiftung des „Vogtländischen Vereins für Luftschiffahrt", Plauen i. V.

ISBN 978-3-662-34171-1   ISBN 978-3-662-34441-5 (eBook)
DOI 10.1007/978-3-662-34441-5

Ein Verzeichnis der bereits erschienenen und der in Vorbereitung befindlichen Hefte
findet sich am Schluß.

Inhaltsverzeichnis.

	Seite
I. Einleitung	1
II. Beschreibung der einzelnen Meßinstrumente und Angabe ihrer Eichung	5
a) Schreibzeug	5
b) Druckscheibe	10
c) Pendel	18
d) Windfahne	22
III. Versuchsvorgang und Übersicht über die angestellten Versuche	24
IV. Versuchsergebnisse	29
V. Zusammenfassung und Ausblick	55

Herrn Geh. Kommerzienrat Fritz Baare

zugeeignet.

I. Einleitung.

Bis zu Beginn des Jahres 1911 waren in Deutschland von einigen Experimentatoren nur Modellversuche durchgeführt worden, die dem Erbauer von Flugzeugen nützliche Winke für deren Konstruktion zu geben vermochten, bei denen aber die Frage noch offen blieb, in welcher Weise sich die Ergebnisse solcher Versuche auf die Verhältnisse im großen anwenden ließen. Es kam mir daher der Gedanke, Versuche an fliegenden Fahrzeugen selbst vorzunehmen, welche Kenntnisse hierüber anbahnen sollten. In meiner Flugzeugbaupraxis und durch eigene Flüge auf dem Wrightdoppeldecker war mir die Wichtigkeit solcher Studien immer wieder zum Bewußtsein gekommen.

Ich trat daher mit Herrn Prof. Dr.-Ing. H. Reißner, Inhaber des Lehrstuhls für Mechanik und Aerodynamik der Aachener Königlichen Technischen Hochschule, in Verbindung, um meinen Plan, wissenschaftliche Messungen an fliegenden Flugzeugen vorzunehmen, zu besprechen und seine Unterstützung zu gewinnen. Zu dieser Zeit standen dem aerodynamischen Institute Werkstatt und Mechaniker für derartige Zwecke nicht zur Verfügung. Die Versuche konnten daher von ihm nicht übernommen werden. Herr Prof. Dr. Reißner hatte aber die Güte, mit Herrn Prof. Dr. Stark, Vorsteher des Physikalischen Institutes der Hochschule, Rücksprache zu nehmen. Später allerdings habe ich von den Forschungsmitteln und dem freundlichen Rat des Herrn Prof. Reißner öfters Gebrauch gemacht.

Herr Prof. Stark brachte meinen Absichten sofort das größte Interesse entgegen, erwog mit mir in eingehender Weise ihre Durchführung und erklärte sich bereit, den Entwurf sowie den Bau der notwendigen Instrumente zu leiten und mir mit seinem Rate zur Seite zu stehen. Zugleich gestattete er, daß der Apparat selbst von den Mechanikern des Physikalischen Institutes angefertigt wurde. Die Herstellungs- und Versuchsunkosten wurden von diesem Institut und aus Mitteln gedeckt, welche Herrn Prof. Dr. Stark von der Rheinischen Gesellschaft für wissenschaftliche Forschung für den Bau eines aerodynamischen Apparates bewilligt worden waren.

Es ist mir eine angenehme Pflicht, an dieser Stelle Herrn Prof. Dr. Stark und Herrn Prof. Dr. Reißner für ihre wohlwollende Förderung meinen aufrichtigsten Dank auszusprechen.

Es kamen für die Erforschung des Flugzeuges im Fluge verschiedene Gebiete in Frage. Die Antriebsanlage, bestehend aus Motor und Luftschraube in ihrer Zusammenwirkung und Kraftausnutzung, ist ein erstes, wichtiges Feld für Untersuchungen. Es wurde nicht gewählt, da Versuchseinrichtungen dazu benötigt werden, die zu umfangreich sind, als daß sie an einem nicht besonders dafür eingerichteten Flugzeuge angebracht werden könnten.

Eine zweite Gruppe bildet die Prüfung der Tragfläche im Zusammenhang mit den Stabilitäts- und Steuerorganen. Eine Unterabteilung derselben ist die vorliegende Untersuchung, die sich auf Messung der Flugzeuggeschwindigkeit, der Neigung der Flugzeuglängsachse zur Wagerechten und des Lufteinfallswinkels beschränkt.

Als Meßinstrumente wurden hierzu aus später angegebenen Gründen eine Druckscheibe, ein stark gedämpftes Pendel und eine horizontale Windfahne gewählt.

Ich begnügte mich mit diesen Untersuchungen und schied die anderen aus, da sie einen erheblichen Aufwand an Kosten und Zeit erfordert haben würden. Auch schien es ratsam, mit dem Einfachsten zu beginnen.

Von Anfang an war ich bestrebt, die beabsichtigten Versuche so einzurichten, daß sie ohne große Vorbereitung an Flugzeugen vorgenommen werden konnten, die für andere Zwecke benötigt wurden. Diese Forderung war empfehlenswert, da ohne diese Einfachheit es schwierig gewesen wäre, die Versuche im Betriebe einer Flugzeugfabrik durchzuführen.

Infolge dieser Überlegungen wurde ein kleines, in sich geschlossenes Laboratorium gebaut, das aus verschiedenen Teilinstrumenten bestand. Da es einem Flugzeugführer unmöglich ist, dessen Begleiter aber sehr schwer würde, während des Fluges die in Betracht kommenden Instrumente abzulesen, so wurde ein Schreibwerk angeschlossen, das die vorgenommenen Messungen auf einem Papierband registrierte.

Die Eichung des Meßinstrumentes fand, soweit nicht Angaben anderer Laboratorien dazu benutzt werden konnten, in Aachen statt. Eine Eichung auf einem Kraftwagen wurde mit Unterstützung der Benzwerkstätten, Berlin-Moabit, vorgenommen, denen hiermit für ihr Interesse bestens gedankt sei.

Infolge säumiger Lieferung auswärtiger Firmen wurde die Fertigstellung des Instrumentes stark verzögert. Erst mit Beginn des Jahres 1912 konnte ich an die eigentlichen Versuche herantreten.

Die Flugzeugfabrik Albatros-Werke G. m. b. H., Berlin-Johannisthal, an welche ich mich mit meinen Plänen wandte, ging auf dieselben mit weitgehender Bereitwilligkeit ein und gestattete, daß an Doppeldeckern ihrer Bauart die Versuche vorgenommen wurden. Das liebenswürdige Entgegenkommen der Albatros-Werke, die unermüdliche Unterstützung ihres Ingenieurs, Herrn Dipl.-Ing. Thelen, die freundliche Hilfe ihrer Flugzeugführer, der Herren Grünberg und Rupp, gaben mir die Möglichkeit, die Versuche zu Ende zu bringen. An den Versuchsflügen beteiligten sich ferner noch Herr Leutnant Coerper und Herr Leutnant Foerster sowie auch Herr Wecsler. Mit dieser vielseitigen verständnisvollen Unterstützung gelang es mir im Frühjahr 1912, eine Reihe von Messungen am fliegenden Flugzeug als Material für die vorliegende Arbeit zu erhalten. Es drängt mich daher, den Albatros-Werken und den Herren, welche die Versuchsflüge steuerten, an dieser Stelle für die tatkräftige Mitarbeit in herzlichster Weise gebührend zu danken.

Das Versuchsprogramm hatte ich mir anfangs größer gestellt, namentlich wollte ich die Ansteig- und Gleitfähigkeit der Flugzeuge prüfen. Es wurde jedoch hiervon Abstand genommen, da der Meßapparat noch Unzuträglichkeiten hatte, und die Versuche eine zu große Ausdehnung bekommen hätten.

In Frankreich beschäftigte man sich schon seit längerer Zeit mit Versuchen an Flugzeugen, die namentlich dem Studium der Antriebsanlage galten.

Legrand[1]) fing 1909 seine Versuche mit einem alten Voisin-Doppeldecker an, der aber entzweigefahren wurde. Im Jahre 1910 setzte er sie dann fort. Seinen kurzen Angaben nach waren in das Flugzeug an Instrumenten eingebaut worden: 1. ein Neigungsmesser, ein Vorläufer des später von der Firma Chauvin et Arnoux in den Handel gebrachten Instrumentes, 2. ein Schraubenzugmesser und 3. ein Geschwindigkeitsmesser. Dieses Instrument, dem sogenannten Venturi-Wassermesser nachgebildet, besteht aus zwei konischen Rohren, die an ihrem engen Querschnitt in Achsenverlängerung aneinandergesetzt sind. Das vordere Rohr ist kürzer und wird mit seiner weiten Öffnung dem Wind entgegengestellt. Das hintere ist länger gezogen als das vordere Rohr. Beim Anblasen durch den Wind bildet sich in der Kehle der beiden Rohre im Vergleich zu der Meßstelle an der vorderen Mündung ein starker Unterdruck, welcher dem Quadrate der Geschwindigkeit der Luftströmung proportional ist. Seine Größe wurde an einer Flüssigkeitssäule abgelesen. Von seinen Ergebnissen teilt Legrand nur mit, daß er feststellen konnte, daß im Fluge bei Wind die Relativgeschwindigkeiten stark schwankten, daß bei Wind von vorne das Ansteigen leichter sei als bei Wind von hinten, eine Tatsache, die durch die Flugpraxis schon bekannt geworden war.

Vom Laboratoire d'aéronautique militaire in Chalais-Meudon wurde Anfang 1910 von Kapitän Dorand[2]) mit Versuchen am fliegenden Flugzeug begonnen. Es wurde bezweckt, die Luftschrauben in Fahrt zu studieren und mit der Geschwindigkeit des Flugzeugs zu vergleichen. Ein Doppeldecker mit gestaffelten Flächen nach der Bauart von Maurice Farman wurde zu den Versuchen hergerichtet. Ein 60-PS-Renault diente als Antriebsmotor. Zur Geschwindigkeitsmessung diente ein ähnliches Instrument, wie es Legrand benutzt hatte. Dorand brachte diese Venturirohre in zwei Exemplaren nebeneinander seitlich zwischen den Tragdecks des Flugzeugs unter. Die Leitungsrohre eines Instrumentes führten dem Anschein nach zu dem Führersitz, diejenigen des zweiten Rohres wurden zu dem U-Rohr einer Flüssigkeitssäule geleitet, die in richtigem Abstand vor dem Objektiv einer photographischen Kamera angebracht worden war. Neben das U-Rohr für die Geschwindigkeitsmessung war die Skala eines einfachen Horizontalpendels gesetzt. Die Einstellungen beider Instrumente konnten daher zu gleicher Zeit mit einer photographischen Aufnahme festgehalten werden. Am Führersitz waren dann noch registrierende Instrumente für die Messungen des Schraubenzugs und der Motorumdrehungszahl untergebracht. Auf den Trommeln dieser beiden Instrumente wurde die Zeit der photographischen Exposition gleichzeitig durch ein Zeichen des auslösenden elektrischen Kontakts fixiert, so daß damit alle Ablesungen auf einen bestimmten Augenblick zurückgeführt werden konnten. Die Angaben Dorand's beziehen sich hauptsächlich auf die Wirkungsweise der Luftschraube. In einem kleinen

---

[1]) L'Aérophile 15 sptembre 1910; l'Aérophile 1 mars 1912.
[2]) La Technique aéronautique 1 novembre 1911; l'Aérophile 1 mai 1912.

1*

Abb. 1.

Abb. 2.

Abb. 1 und 2.   Versuchsanordnung des Kapitän Dorand.

Schaubild gibt er die Ergebnisse einer Versuchsreihe wieder.   Es ist daraus zu
erkennen, daß bei seinem Flugzeug folgende Werte einander entsprechen.

Geschwindigkeit: m/sec   15,20   16,36   16,80   17,05
Angriffswinkel der Flächen. . . . . $10^0,84$ $10^0,16$ $9^0,9$ $9^0,7$

Diese Angaben sind die einzigen, die zu einem Vergleich mit experimentell
gefundenen Werten an Flugzeugen herangezogen werden können.   Meines Wissens

gibt es außer dieser Angabe keine Stelle, die über Geschwindigkeitsmessungen im Fluge im Vergleich zu den Angriffswinkeln der Haupttragfläche Aufschluß gewährte[1]).

Kapitän Etévé[2]) schildert ein Geschwindigkeitsmeßinstrument, das für den praktischen Fluggebrauch gedacht ist und für diesen sich äußerst nützlich erweist. Es vereinigt in einer Ausführung eine Druckscheibe zur Geschwindigkeitsmessung und eine vertikale Windfahne, wie sie vielfach gebraucht wird, um in Kurven die Grenze der zulässigen Schräglage nach innen zu erkennen. Eine Skalenverschiebung gestattet eine individuelle Einstellung, wie sie für jedes Flugzeug und jede Motortype benötigt wird. Das Instrument hat weniger die Aufgabe, bestimmte Geschwindigkeiten in ihrer Größe erkennen zu lassen, als vielmehr dem Führer die Möglichkeit zu geben, eine als zuverlässig für das Flugzeug erkannte Geschwindigkeit in allen Fällen einzuhalten. Es ist nach den Ausführungen von Etévé ein brauchbareres Navigationsinstrument in Verbindung mit dem Barometer als Neigungsmesser unter Zuhilfenahme von Flüssigkeitssäulen oder Pendeln, welche durch Beschleunigungen oder Verzögerungen des Flugzeugs erhebliche Falschangaben zur Folge haben können.

II. Beschreibung der einzelnen Meßinstrumente und Angabe ihrer Eichung.

a) Schreibzeug.

Als Aufzeichnungsvorrichtung diente ein Schreibwerk, das von Dr. Th. Horn in Leipzig-Großzschocher für die verschiedensten Zwecke gebaut wird. Es besteht aus zwei Trommeln für die Aufnahme des Papierbandes, einer Schreibtrommel, einem Umlaufuhrwerk für die Schreibtrommel und einem Uhrwerk für den Antrieb der das Papierband aufnehmenden Trommel. Vor anderen ähnlichen Instrumenten erschien es für die geplanten Versuche geeignet, da die Ablaufszeit der Uhrwerke etwa 20 Minuten beträgt, und da 20 mm/sec Papierbandgeschwindigkeit als wünschenswert erachtet wurde. Die lange Versuchsdauer wurde angestrebt, um die Flüge ausdehnen und in wenig Versuchsflügen ausreichendes Material gewinnen zu können.

Da in den Aufzeichnungen erhebliche Schwankungen zu erwarten waren, so war mit der großen Papierbandgeschwindigkeit ein Mittel gegeben, solche Schwankungen zeitlich genau festzulegen.

Die Breite des Papierbandes wurde zu 60 mm gewählt, von denen allerdings nur etwa 48 mm für die Aufzeichnung benutzbar sind. Kleine, in regelmäßigen Abständen liegende kreisrunde Löcher am vorderen Rande des Papierbandes dienen zur Fortbewegung desselben, indem gleichgroße, auf dem Umfang der Schreibwalze angeordnete Stiftchen in die Löcher des Papierbandes eingreifen und damit seinen Ablauf bewirken. Die Länge eines Papierstreifens genügt reichlich für zwei Versuche von je 20 Minuten Dauer, so daß ein Wechsel desselben nicht so schnell notwendig wird.

---

[1]) Über gleichzeitige Versuche der Royal Aircraft Factory in England auf Seite 56.
[2]) La Technique aéronautique 1 janvier 1912.

Das Papierband wurde ohne besondere Liniierung verwandt, weil die Maßstäbe der Aufzeichnungen verstellbar waren und sich von Fall zu Fall änderten. Auch konnten die manchmal nicht so sehr hervortretenden Kurven dadurch besser sichtbar gemacht werden.

Abb. 3. Backbordseite.

Abb. 4. Backbordseite.

Abb. 5. Vorderseite.

Abb. 6. Rückseite.

Abb. 3—6. Ansichten des Meßinstrumentes.

Die Schreibwalze wird von einem Umlaufwerk unter Zwischenschaltung eines Vorgeleges mit einem Geschwindigkeitswechsel der Schreibwalze von 20 mm/sec auf 1 mm/sec in Bewegung gesetzt. Von der niedrigen Papiergeschwindigkeit wurde kein Gebrauch gemacht, da sie für die Aufzeichnungen des Pendels zu gering war. Das Umlaufwerk wird durch ein Zentrifugalpendel in für die Versuche durchaus ausreichenden Grenzen reguliert. Ein besonderes Uhrwerk, welches das auflaufende Papier in Spannung hält und aufwickelt, ist unabhängig und getrennt von dem Umlaufwerk angeordnet. Dieses Auflaufwerk benötigt keine besondere Regulierung.

Die Schreibvorrichtungen sind in drei nebeneinander liegenden und parallel laufenden Schlitten über der Schreibwalze angeordnet. Sie tragen in besonderen Aufhängungen die eigentlichen Schreibröhrchen mit ihren Flüssigkeitsbehältern. Die außerordentlich fein ausgebildeten Schreibröhrchen sind verschieden gestaltet, so daß sie sich gegenseitig nicht hindern und mit einer Versetzung von 2 mm nebeneinander aufzeichnen können. Solange das Schreibwerk vor Erschütterungen bewahrt blieb, arbeiteten die Röhrchen zuverlässig. Bei den kräftigen

Abb. 7. Ansicht des Meßinstrumentes (Steuerbordseite).

Stößen während des Anfahrens des Flugzeugs setzten sich die feinen, kaum $^1/_{10}$ mm betragenden Öffnungen der Schreibröhren leicht mit Papierfasern zu und verursachten dann zeitraubende Störungen der Versuche. Die Flugzeugführer mußten daher angewiesen werden, mit möglichster Vorsicht anzufahren. Trotzdem kam es vielfach vor, daß eine oder mehrere Schreibröhrchen schon bald nach dem Start ausgeschaltet waren. Es war dies der größte Übelstand des gesamten Apparates.

Die Führung der Schreibschlitten entsprach nicht der Feinheit der Schreibfedern, sie ergab ziemliche Reibungen, die aber durch das Vibrieren des ganzen Flugzeugs bei laufendem Motor teilweise ausgeglichen wurden. Beim empfindlichen Pendel konnte auf die Schlittenführung und auch bei den letzten Versuchen auf das bei ihm besonders unzuverlässige Schreibröhrchen verzichtet werden. An die Stelle des Schreibröhrchens trat ein durch eine weiche Feder aufgedrückter Bleistift, eine Vorrichtung, die sich gut bewährt hat.

Um in den Versuchspausen nicht unnötig Papierband zu verbrauchen und nach Bedarf das Schreibwerk in Gang setzen zu können, wurde eine elektromagnetische Einschaltvorrichtung für das Umlaufwerk vorgesehen, dessen Schalter vom Führersitz aus bedient wurde. Ein Elektromagnet gab bei Stromschluß die Bremse des Umlaufwerkes frei. Den Erschütterungen des Flugzeugs gegenüber erwies sich die Bremsscheibe aus Aluminium nicht widerstandsfähig genug, da der zu kleine Bremsstift sich in dieses weiche Metall einarbeitete. Er mußte stark verbreitert werden, um das Umlaufwerk auch bei Erschütterungen zuverlässig im Stillstand halten zu können.

Durch Aussparen an geeigneten Stellen wurde das Gewicht des Schreibwerks allein verringert auf 3,2 kg.

Seine Bauart gestattet ein Beobachten des auflaufenden Papierbandes während seines Ganges. Bei Versuchen mit Flugzeugen sind derartige Beobachtungen wohl meistens nicht möglich, deshalb hätte bei besonderer Anfertigung des Schreibwerkes sein Bau wesentlich gedrängter gestaltet werden müssen. Dies würde namentlich auch den Vorteil gehabt haben, daß das starke seitliche Ausladen des Versuchsapparates dadurch vermieden worden wäre. Für den vorliegenden Zweck begnügte ich mich mit der gebräuchlichen normalen Bauart des Hornschen Schreibwerkes.

Die Geschwindigkeit des Papierbandes wurde auf Unregelmäßigkeiten in seinem Ablauf und auf ein Nachlassen gegen Ablaufschluß geprüft. Die Eichung vor Beginn der Versuche wurde auf folgende Art durchgeführt.

Die Schwingungen eines Sekundenpendels dienten als Vergleichsmaß. Das Pendel war so gestaltet, daß es beim Durchstreichen durch die Senkrechte den Kontakt des Schwachstromkreises eines Relaisschalters, dieser dann den Primärstromkreis einer Induktionsspule schloß. In der Spule wurde durch die sekundlichen Stöße ein sekundärer Strom induziert, welcher endlich zum Durchschlagen des Papierbandes benutzt werden konnte. Man erhielt dadurch auf dem Papierstreifen in Abständen von 1 Sek. kleine Brennstellen, deren Entfernungen ein Maß für die Regelmäßigkeit des Ablaufs gaben.

Die Ergebnisse der Eichung waren folgende. Das Laufwerk lief beim ersten Versuch 19 Min. 31 Sek. und wickelte dabei 21695 mm Papierband ab. Im zweiten Falle lief es länger, nämlich 20 Min. 59 Sek. mit einer Ablaufstrecke von 23035 mm. Bei dem ersten Versuch wurden die Abstände von Sekunde zu Sekunde gemessen und ihre Mittelwerte über eine Minute errechnet. Es wurde für diese Zeit der mittlere Fehler e bestimmt nach der Regel

$$ e = \pm \sqrt{\frac{S}{n-1}} $$

Hierin bedeuten: e den mittleren Fehler einer Einzelmessung in bezug auf den gewonnenen Mittelwert, S die Summe der Quadrate der Unterschiede der einzelnen Messungen vom Mittelwert, n die Anzahl der Abmessungen (in diesem Falle jedesmal n = 60).

Drei Sekunden nach Auslösung des Laufwerkes ist die Beschleunigungszeit desselben vorüber. Das Ablaufen des Papierbandes erfolgt von Minute zu Minute langsamer. Eine Tabelle gibt über diese Verhältnisse Aufschluß.

Es empfiehlt sich danach, für Zeitmessungen mit dem Papierband nur die erste bis einschließlich 16. Minute zu benutzen, da von dieser ab die Abnahme der Ablaufgeschwindigkeit unregelmäßig erfolgt. Die Zeitmessung mit dem Sekundenpendel hatte eine beschränkte Genauigkeit, denn das Pendel hatte am tiefsten Punkt eine 3 mm breite Quecksilberschneide zu durchstreichen, auf deren zweiten Hälfte erst die Ablösung des Funkens erfolgte. Sein Ausschlag betrug s = 175 mm. Es hatte demnach im tiefsten Punkt eine Geschwindigkeit

$$v_{max} = \frac{s}{\sin (\pi\, t)} = \frac{175}{\sin \frac{\pi}{4}} = 248 \text{ mm/sec}.$$

Die Genauigkeit der Zeitmessung ist daher nur etwa

$$\frac{\pm \frac{3}{2}}{248} \cong 0{,}006 = 0{,}6\ \%.$$

Geschwindigkeitseichung des Papierbandes.

Minutenfolge	Gemessene Zeit in Sekunden		Abgelaufene Strecken mm		Papiergeschwindigkeit mm/sec		Mittlerer Fehler einer Sekunde $\pm$ mm[1])
	Versuch I	Versuch II	Versuch I	Versuch II	Versuch I	Versuch II	
1	55	58	1074	1139	19,54	19,65	0,42
2			1170	1175	19,49	19,58	0,34
3			1178	1172	19,63	19,54	0,30
4			1174	1171	19,57	19,52	0,29
5			1175	1171	19,59	19,52	0,30
6			1172	1171	19,53	19,52	0,32
7			1169	1170	19,48	19,50	0,31
8			1170	1168	19,50	19,46	0,31
9			1167	1170	19,46	19,50	0,26
10	60	60	1167	1168	19,44	19,47	0,30
11			1166	1168	19,44	19,46	0,28
12			1165	1167	19,42	19,44	0,33
13			1167	1166	19,44	19,43	0,36
14			1166	1166	19,44	19,44	0,39
15			1168	1165	19,45	19,41	0,38
16			1164	1163	19,40	19,38	0,37
17			1157	1163	19,28	19,38	0,41
18			1020	1152	17,00	19,19	0,54
19			656	1006	10,92	16,77	—
20	—		—	740	—	12,33	—
21	—	59	—	284	—	4,82	—

Es wurde dieser Fehler nicht berücksichtigt, da er gerade so oft im positiven Sinn wie im negativen Sinn auftreten wird.

Es wird eine mittlere Geschwindigkeit des Papierbandes gefunden von 1948 mm/sec, gültig von der 1. bis einschließlich 16. Minute. Es ist hierbei der

---

1) Der mittlere Fehler wurde nur bei dem ersten Versuche gemessen.

mittlere Fehler bezogen auf 30 für einzelne Minuten bestimmte Mittelwerte zweier Versuchsreihen etwa $\pm$ 0,06 mm/sec bzw. 0,03 %.

Mit der geeichten Geschwindigkeit von 19,48 mm/sec wurde gewöhnlich nicht gerechnet, sondern mit einer solchen von 20 mm/sec, da diese für die Auswertung der Kurven bequemer ist. Es wird damit gegenüber dem genaueren Wert ein Fehler von 0,52 mm/sec bzw. von 2,7 % begangen, d. h. man mißt statt tatsächlich 61,6 Sekunden nur deren 60. Da es im allgemeinen auf diese genaue Zeitmessung nicht ankam, so konnte ohne Schaden diese Ungenauigkeit in Kauf genommen werden. Wo dagegen bessere Zeitmessung erforderlich wurde, wurde mit der geeichten Geschwindigkeit gerechnet.

Die Eichung der Geschwindigkeit des Papierbandes wurde nach den Versuchen mit dem 50-PS-Gnom-Spezialtyp bei laufendem Motor mit Hilfe einer Stoppuhr von 10 zu 10 Sekunden nachgeprüft und keine bemerkenswerten Abweichungen gegen die erste grundlegende Eichung wahrgenommen. Nach Beendigung aller Versuche wurde das Uhrwerk nochmals untersucht und ein erhebliches Nachlassen der letzten 10 Minuten der Ablaufzeit festgestellt. Da das Uhrwerk regelmäßig vor Beginn der Versuche aufgezogen wurde, so kamen diese letzten Minuten für die Versuche nicht mehr in Frage, und es kann mit den oben angeführten Werten auch für die Versuchsreihen mit der 50-PS-Gnom-Schulmaschine und der 100-PS-Argus-Doppeltaube gerechnet werden. Das Nachlassen des Uhrwerkes war die Folge einer allgemeinen Verschmutzung der Lager, da das Uhrwerk nicht genügend vor Staub geschützt gewesen war.

b) Druckscheibe.

Zum Messen der Geschwindigkeit des fliegenden Flugzeugs wurde eine abgefederte Druckscheibe gewählt. Die Durchfederung einer gewundenen Zugfeder gibt das Maß für den Winddruck, der auf die Scheibe ausgeübt wird, und damit auch für die erreichte Geschwindigkeit. Dieses Verfahren ist wie jedes indirekte nicht ganz zuverlässig.

Ein Windrädchen wurde nicht genommen, da die Verbindung mit dem Schreibwerk nicht ganz einfach gewesen wäre, und da angenommen wurde, daß wegen seines geringen Arbeitsvermögens und seiner Trägheit das Rädchen nicht schnell genug Schwankungen des Luftstromes folgen könnte. Auch ist die Eichung des Instrumentes für Geschwindigkeiten über 15 m/sec in Verbindung mit dem Schreibzeug umständlich und schwierig.

Das Windrädchen wird bei meteorologischen Messungen gebraucht und wurde auch, wie mir von Flugzeugführern der Luftverkehrsgesellschaft m. b. H. mitgeteilt wurde, in größerer Ausführung in Verbindung mit einem Tourenzähler zur Geschwindigkeitsfeststellung von Flugzeugen benutzt. Es war aber in diesem Falle nur ein Vergleichsinstrument für das Einhalten bestimmter Geschwindigkeiten, da eine besondere Eichung nicht vorgenommen worden war.

Die Pitotsche Röhre wurde auch nicht gewählt, da auch sie zur Registrierung keine großen Kräfte ergibt, und da die Dichthaltung und Wartung der Leitungen usw. viel Aufsicht erfordert. Man kann zwar die Pitotsche Röhre auf größere

Behälter wirken lassen und durch Übersetzung genügende Schreibkräfte erhalten, aber man nimmt damit größere Trägheit mit in Kauf, welche gerade für die Registrierung einzelner Luftstöße unzweckmäßig sein würde. In Laboratorien wird die Pitotröhre ständig mit Erfolg gebraucht. Auf Flugzeugen fand sie in Frankreich Anwendung. In Deutschland benutzte seinerzeit Herr Major z. D. Professor Dr.-Ing. v. Parseval bei seinen Versuchen mit seinen Eindeckern ein Instrument, das von Dr.-Ing. Bendemann in Lindenberg nach ähnlichen Grundsätzen wie das Venturi-Rohr konstruiert worden war.

Die Druckscheibe hat diesen Instrumenten gegenüber bestimmte Vorzüge.

Bei verhältnismäßig geringer Größe übt sie bei Geschwindigkeiten, mit denen man bei Flugzeugen rechnen muß, beträchtliche Kräfte auf ihre Feder aus. Es sei hier vorweggenommen, daß bei der benutzten Kreisscheibe von 150 mm Durchmesser der Druck von 330 g bei 16 m/sec wächst bis zu 835 g bei 26 m/sec. Diese Kräfte sind geeignet, innere, nur in der Bauart des Instrumentes liegende Reibungen gut zu überwinden. Eine leichte Aluminiumscheibe mit kräftiger Stoßstange ist die einzige Masse, die zu bewegen ist. Das Gewicht der Scheibe mit Stange und Zubehör ist etwa 120 g. Sie ist in Kugellagern horizontal gelagert, so daß eine Längsverschiebung leicht möglich ist. Die auftretenden Reibungskräfte werden auch hier durch die Erschütterungen des Motorganges stark verringert.

Es kam bei den Versuchen eine Aufwärts- oder Abwärtsneigung von etwa 5^0 im Maximum vor. Es ergibt sich hierfür eine Zusatzkraft zum Winddruck von

$$\pm\ 120 \cdot \sin 5^0\ =\ \pm\ 10{,}5\ \text{g}.$$

Diese $\pm$ 10,5 g entsprechen bei 16 m/sec einem Geschwindigkeitsunterschied von $\pm$ 0,2 m/sec, bei 26 m/sec dagegen $\pm$ 0,15 m/sec. In weitaus den meisten Fällen überstieg die Neigung der Stoßstange nicht $\pm\ 2^0$, so daß ein Fehler von $\pm$ 0,08 bis $\pm$ 0,06 m/sec auftrat, der gegenüber anderen Fehlerquellen vernachlässigt wurde.

Die Messung der Geschwindigkeit mit Druckscheibe erfolgt durch Zugrundelegung folgender Beziehung:

$$R = \zeta \cdot \frac{\gamma}{g} \cdot F \cdot v^2.$$

Hierin bedeuten: R (kg) den durch die Geschwindigkeit v (m/sec) auf der Scheibe F (qm) hervorgerufenen Druck, γ (kg/cbm) die Luftdichte, g (m/sec²) die Erdbeschleunigung und ζ einen durch Eichung bestimmten dimensionslosen Koeffizienten. Hieraus wird errechnet

$$v = \sqrt{\frac{g \cdot R}{\zeta \cdot \gamma \cdot F}}.$$

Es wird dabei vorausgesetzt, daß der Koeffizient ζ nicht abhängig von der Geschwindigkeit ist.

Für seine Größe kommen verschiedene Angaben in Betracht.

Eiffel[1] findet für eine Kreisscheibe von 150 mm Durchmesser den Koeffizienten

$$K = 0{,}066^2).$$

---

[1] La Résistance de l'air, Paris 1911.

[2] Es ist gegeben K durch die Beziehung

$$K = \frac{R}{F \cdot v^2}, \text{ worin bedeuten:}$$

In der gewählten dimensionslosen Bezeichnung ist K bestimmt durch

$$\zeta_{\text{Eiffel}} = 8 \cdot 0{,}066 = 0{,}528.$$

Die Modellversuchsanstalt der Motorluftschiff-Studiengesellschaft in Göttingen hatte auf das Ersuchen des Aerodynamischen Instituts in Aachen eine Kreisscheibe von 150 mm Durchmesser, die auch für die hier bearbeiteten Versuche verwandt wurde, in ihrem Luftkanal geprüft und an dasselbe folgende Angaben über diese Scheiben gesandt:

$v^2 \cdot \dfrac{\gamma}{g}$	$\dfrac{R}{v^2 \dfrac{\gamma}{g}}$
1,82	0,01015
4,12	0,01032
6,57	0,01042
9,15	0,01040.

Da $F = 0{,}01767$ qm ist, so ergibt sich der Koeffizient ζ hieraus zu

ζ
0,575
0,585
0,591
0,589

im Mittel $\zeta_{\text{Göttingen}} = 0{,}585.$

Die beiden Werte von Eiffel und Göttingen unterscheiden sich um 10 %!

Es war notwendig, bei diesen so sehr voneinander abweichenden Angaben eine eigene Eichung vorzunehmen. Auch sollte Aufschluß darüber erhalten werden, welchen Einfluß die hinter der Scheibe liegende Trag- und Dämpfungsröhre und der ganze hinter dieser liegende Aufbau des Schreibwerkes auf den Koeffizienten der Scheibe haben. Zu diesem Zweck wurde der vollständige Apparat in den Luftstromkanal des Aachener aerodynamischen Institutes gebracht und dort der Widerstandskoeffizient ζ der Scheibe ermittelt[1]).

R (kg) den gemessenen Widerstand, F (qm) den Inhalt der Fläche, v (m/sec) die erreichte Geschwindigkeit. Es ist also K ein Koeffizient, in welchem die Luftdichte nicht eliminiert ist. Die Umrechnung in einen dimensionslosen Koeffizienten erfolgt durch die Beziehung

$$\zeta = K \cdot \frac{g}{\gamma}.$$

Eiffel hat seine Werte auf 15 % und 760 mm Q. S. zurückgeführt. Für diesen Fall ist

$$\gamma = 1{,}293 \cdot \frac{273}{288} = 1{,}225 \ \text{kg/m}^3.$$

Es gilt mithin allgemein für die Umformung der Eiffelschen Koeffizienten in dimensionslose Größen die Beziehung

$$\zeta = \frac{9{,}81}{1{,}225} \cdot K = 8{,}00 \cdot K.$$

[1]) Da die beiden anderen Laboratorien, aus welchen die angeführten Angaben stammen, in der Literatur bekannt sind (Z. Ver. Deutsch. Ing., Jahrg. 1909, S. 1711ff.; Eiffel, La résistance de l'air), ist es von Interesse zu wissen, wie der Aachener Kanalstromapparat ausgeführt ist.

Nach Vorversuchen wurden am 23. Januar 1912 in fünf je durchschnittlich 10 Minuten dauernden Versuchen die Winddrucke sowohl durch die Druckscheibe auf das zugehörige Papierband des Versuchsapparates als auch auf die Walze des Hydroapparates aufgezeichnet. In beiden Versuchskurven sind die Änderungen des Luftdruckes deutlich wahrnehmbar. Das Diagramm des Hydroapparates wurde jedesmal planimetriert. Die Kurven der Druckscheibe wurden in der Weise ausgewertet, daß auf alle 5 cm Papierband, das ist alle $2\frac{1}{2}$ Sekunden, ein Wert abgegriffen wurde; aus diesem dann wurde der mittlere Druck ermittelt[1]).

Die Ergebnisse der Eichung gibt eine Übersicht wieder.

Eichung der Druckscheibe im Luftstromkanal des aerodynamischen Institutes der Königlichen Technischen Hochschule Aachen am 23. Januar 1912.

Ein Luftstrom von v m/sec besitzt eine Geschwindigkeitshöhe:

$$\frac{v^2}{2\,g} = h\ (m\ L\ S) = \frac{h}{\gamma}\ (mm\ W.S.)$$

wobei das spezifische Gewicht der Luft γ (kg/m³) bestimmt ist durch:

$$\gamma = 1{,}293\ \frac{273 \cdot H}{760\,(273 + t)} = 0{,}465\ \frac{H}{(273 + t)}.$$

Es wird

$$v^2 = \frac{2\,g}{\gamma} \cdot h$$

wenn h in mm W.S. gemessen wird. Der Widerstand R (kg) auf die Druckscheibe (F $=$ 0,01767 m²) ist

$$R = \zeta \cdot \frac{\gamma}{g} \cdot F \cdot v^2 = \zeta \cdot 2\,h \cdot F,$$

hieraus

$$\zeta = 28{,}25\ \frac{R}{h}$$

Versuchsnummer	1	2	3	4	5	Mittelwert
Druckhöhe h (mm W.S.) . .	20,85	22,63	23,55	23,60	24,30	22,57
Widerstand R (kg)	0,444	0,474	0,486	0,484	0,499	
Verhältnis R/h	0,0213	0,02082	0,02062	0,0205	0,0205	
Koeffizient ζ	0,602	0,592	0,585	0,582	0,586	0,590

Es wird aus der Außenluft durch einen großen, bis 53 KW bzw. 72 PS erfordernden Ventilator die Luft in einen geraden Kanal von 2×2 m eingesaugt und wieder ins Freie geblasen. Es sind bisher damit Luftgeschwindigkeiten von über 25 m/sec erreicht worden. Die Geschwindigkeit wurde gemessen mit einer Pitotschen Röhre, welcher ein sog. Hydroapparat angeschlossen war. Es ist dies ein Hubverstärker der gemessenen Luftgeschwindigkeitshöhe. Er zeichnet dieselbe in vierfacher Wassersäule auf eine Papiertrommel auf. Nach einem neueren Vergleiche des Aggregates Pitotsche Röhre und Hydroapparat mit einem Fueßschen Schalenkreuzanemometer (in der Fabrik geeicht) ist die Übertragung im Mittel 4,04 mal Angaben Wassersäule.

[1]) Auf die Eichung der Feder soll später eingegangen werden. Hier genüge die Angabe, daß mit der Einheitsdurchfederung von 1 mm bei der Belastung von 9,6 g gerechnet wurde.

Mittlere Luftgeschwindigkeit (H = 738 mm Q. S., t = + 5⁰)

$$v = 18{,}9 \text{ m/sec.}$$

Es zeigt sich, daß im Mittel ein Koeffizient $\zeta = 0{,}590$ gefunden wurde, der dem Göttinger Wert wesentlich näher liegt als dem Eiffelschen. Dieser Koeffizient wurde bei einem mittleren

$$v^2 \cdot \frac{\gamma}{g} = \frac{358 \cdot 1{,}232}{9{,}81} = 45$$

bestimmt, also bei erheblich höheren Geschwindigkeiten als in den Laboratorien von Göttingen und Eiffel, Geschwindigkeiten, die den Flugzeuggeschwindigkeiten gleichkommen.

Da die Geschwindigkeitsmessung im Flugzeug durch die Bewegung der Scheibe gegen ruhende Luft, also im umgekehrten Prinzip als im Luftstrom, erfolgt, wurde die Eichung auf einem Kraftwagen wiederholt. Diese Methode kommt den Verhältnissen im Fluge näher.

Abb. 8. Eichung der Druckscheibe auf Kraftwagen.

Von den Benzwerkstätten in Berlin-Moabit wurde in zuvorkommender Weise ein Kraftwagen zur Verfügung gestellt. Die Versuche fanden auf der Döberitzer Heerstraße bei Spandau bei ruhigem Wetter am 16. Februar 1912 statt. Das Instrument war auf einer 3 m hohen Stange angebracht, die durch Verspannen mit dem Wagen gehalten wurde. Es wurde jedesmal in gleichmäßig voller Fahrt 1 km abgefahren und mit 2 Uhren vom Wagen aus die Strecke abgestoppt.

Bei der Einstellung der Feder war es leider versäumt worden, mit einer Geschwindigkeit von 90 km/st zu rechnen. Als diese später erreicht wurde, gelangte die Durchfederung bis an ihren hinteren Anschlag. Der genaue Druck konnte deshalb für diese Geschwindigkeit nicht festgestellt werden.

Die Versuche wurden nicht wiederholt, da infolge der Schwankungen des Wagens die Stöße auf das Instrument so heftig waren, daß seine Sicherheit stark gefährdet erschien.

Immerhin konnte durch den Eichungsversuch vermittels Kraftwagens der Hinweis gewonnen werden, daß der Koeffizient ζ der Göttinger bzw. Aachener Messung wahrscheinlicher erscheint als der Eiffelsche. Über die Versuche gibt eine Tabelle Aufschluß.

Eichung der Druckscheibe durch Kraftwagen auf der Döberitzer Heerstraße.
16. Februar 1912.

Kraftwagen der Benz-Werkstätten, Berlin-Moabit. Am Steuerrad Herr Grochwitz.

Versuch Nr.	Uhr I Sekunden	Uhr II Sekunden	Abgestoppte Zeit Sekunden	m/sec	km/st
I	42,0	41,8	41,9	23,85	86,00
II	43,4	43,0	43,2	23,20	83,40
III	40,0	40,4	40,2	24,90	89,50
IV	42,0	41,8	41,9	23,85	86,00
V	40,2	39,8	39,9	25,05	90,40
VI	72,6	—	72,6	13,75	49,50

Alle Versuche konnten nicht herangezogen werden, da infolge der Stöße die Schreibtinte herausgespritzt war und somit von Versuch von Nr. 5 ab der Winddruck nicht mehr aufgezeichnet wurde.

Es ergibt sich aus den vier ersten Versuchen eine mittlere Geschwindigkeit von 23,95 m/sec, d. i. ein $v^2 = 575$ und

$$v^2 \frac{\gamma}{g} = 575 \frac{1,28}{9,81} = 75.$$

Der hintere Anschlag der Druckscheibe entsprach einem Druck $R = 0,732$ kg, der Koeffizient ζ rechnet sich hieraus zu

$$\zeta = \frac{R \cdot g}{F \cdot v^2 \cdot \gamma} = \frac{(> 0,732)}{0,01767 \cdot 75} = > 0,552.$$

Dieser so gefundene Wert liegt zwischen der Eiffelschen Angabe einerseits und den Göttinger bzw. Aachener Messungen andererseits. Seine wahre Größe übersteigt die errechnete Zahl. Es ist mithin wohl zulässig, daß für den im Aachener Luftstromkanal gefundenen Koeffizienten sich entschieden und dieser den Geschwindigkeitsmessungen am Flugzeuge zugrunde gelegt wird.

Da infolge des starken Winddruckunterschiedes bei den verschiedenen Flugzeuggeschwindigkeiten große Durchfederungen der Zugfeder erforderlich sind, die zur Aufzeichnung nutzbare Breite des Papierbandes im Vergleich zu diesen aber gering ist, so wurde ein einstellbarer Leergang a vorgesehen, der nur begrenzte Bereiche der Feder zur Aufzeichnung zuließ. Die Stoßstange der Druckscheibe erreichte erst bei bestimmter Vorbelastung einen den Erfordernissen entsprechend eingestellten Mitnehmer des Schreibschlittens. Dieser Schlitten wurde durch eine schwache Gegenfeder gegen die Stoßstange gedrückt, so daß bei Abnahme des Druckes auf die Scheibe der Schlitten der Bewegung der Stoßstange zu folgen gezwungen war.

Die Eichung der Feder erfolgte, in horizontaler Lage eingebaut, unter Wirkung der Gegenfeder des Schreibschlittens. Es wurde mit verschiedenem Leerlauf a die Durchfederung gemessen. Eine Tabelle gibt die Eichungsergebnisse wieder.

Die Einheitsstrecken der Feder schwanken unbedeutend infolge der Einstellung ihres Leerlaufes, da der Nullpunkt der Gegenfeder durch diese Einstellung nicht gleichzeitig verschoben wird. Die Gegenfeder ist aber sehr schwach (ihre

Belastung ist an einem Anschlag des Schlittens 20 g, am anderen etwa 10 g), die hierdurch hervorgerufene Verschiedenheit ist belanglos.

Eichung der Zugfeder der Druckscheibe, zusammenwirkend mit ihrer Gegenfeder.

Nullast: 214 g; a = 18,0 mm.

Belastung . . . . g	214	264	314	364	414	464	514	564	614	664
Ablesungen . . . . . mm {	48,7	44,6	39,6	34,0	29,4	22,4	18,1	12,9	7,8	2,2
	48,6	43,6	38,4	33,6	27,7	22,2	17,0	12,4	6,4	—
Mittelwert . . . . . mm	48,7	44,1	39,2	33,5	28,6	22,3	17,6	12,7	7,1	2,2
Durchfederung für 50 g: mm	5,55	4,90	5,70	4,95	5,25	4,75	4,90	5,55	4,9	—

mittlere Durchfederung für 50 g: 5,15 mm.

$$\frac{5,15}{50} \cdot 214 = 22,1;$$
$$b = 22,1 - 18,0 = 4,1 \text{ mm}.$$

Nullast: 214 g; a = 19,6 mm.

Belastung . . . . g	219	269	319	369	419	469	519	569	619	669
Ablesungen . . . . . mm {	48,8	44,3	38,7	34,3	28,6	23,9	18,8	13,8	8,2	2,6
	48,6	44,2	39,7	33,7	28,3	22,9	17,4	11,9	8,4	—
	48,7	44,7	40,4	34,8	29,7	24,6	19,9	14,8	9,4	6,2
	48,7	44,6	39,0	33,8	28,7	23,0	18,0	12,5	8,5	4,4
	—	44,6	39,6	34,4	29,2	23,9	18,3	14,2	8,2	3,4
	48,8	44,4	38,9	33,9	28,4	23,2	17,9	12,6	7,6	2,4
	—	44,6	39,6	34,3	29,2	23,7	18,4	13,2	7,8	2,6
	48,6	44,2	38,7	33,6	28,7	22,6	17,6	12,4	8,2	2,2
Mittelwert . . . . . mm	48,7	44,5	39,3	34,1	28,9	23,5	18,4	13,1	8,1	2,6
Durchfederung für 50 g: mm	4,25	5,12	5,23	5,25	5,37	5,09	5,34	4,92	5,49	—

mittlere Durchfederung für 50 g: 5,23 mm.

$$\frac{5,23}{50} \cdot 219 = 22,9;$$
$$b = 22,9 - 19,6 = 3,3 \text{ mm}.$$

Nullast: 328 g; a = 30,6 g.

Belastung . . . . g	328	378	428	478	528	578	628	678	728	778
Ablesungen . . . . mm {	48,8	44,5	39,7	32,8	28,9	23,4	17,6	13,1	8,1	2,1
	48,6	42,4	37,6	32,6	26,9	21,6	17,1	12,6	6,7	2,2
	—	44,0	38,6	33,4	27,9	22,7	17,3	11,1	6,6	1,5
	48,8	43,4	38,1	32,5	27,3	21,2	16,3	11,8	7,1	1,6
	—	43,7	38,7	33,4	28,1	23,0	17,4	12,3	7,2	1,6
	48,7	42,6	37,8	32,3	26,9	21,4	16,9	11,4	7,1	1,6
Mittelwert . . . . . mm	48,7	43,4	38,4	32,8	27,7	22,2	17,1	12,1	7,1	1,8
Durchfederung für 50 g: mm	5,29	5,01	5,59	5,16	5,45	5,09	5,06	4,92	5,36	—

mittlere Durchfederung für 50 g: 5,22 mm.

$$\frac{5,22}{50} \cdot 328 + 34,2;$$
$$b = 34,2 - 30,6 = 3,6 \text{ mm}.$$

Mittelwert von b = 3,5 mm.

Aus der Tabelle geht aber hervor, daß die Einheitsstrecken bei den verschiedenen Belastungen stark voneinander abweichen. Es wurde jedoch keine wiederkehrende Regelmäßigkeit in diesen Abweichungen gefunden, so daß bei den Versuchen mit einer mittleren Einheitsbelastung für den durchgefederten Millimeter gerechnet werden konnte.

Bei schwacher Belastung der Feder waren die Einheitsstrecken stark abweichend, ferner besaß die Feder eine gewisse Vorspannung. Doch dieser Bereich kam niemals zur Geschwindigkeitsmessung in Frage.

Unter der bei diesem Umstand berechtigten Annahme, daß eine regelmäßige Durchfederung von der Nullast ab erfolge, wurde die ideale Länge der Feder bei Nullast bestimmt. Es ergab sich eine Korrektur von b = + 3,5 mm, einer Strecke, die der jeweils gemessenen Durchfederung zuzuzählen ist, um die ideelle Durchfederung bei gleichmäßigen Einheitsstrecken zu bestimmen.

Es wurde bei der Geschwindigkeitsmessung mit einer Belastung von 9,6 g gerechnet, um die Zugfeder mit Gegenfeder um 1 mm zu längen.

Am Schlusse der Versuche wurde die Feder nachgeprüft, aber kein Nachlassen festgestellt, was zu erwarten war, da auch ihre Belastung die Festigkeitsgrenzen niemals überstieg[1]).

Die Geschwindigkeitsmessung wurde auf folgende Art vereinfacht. Die Hauptversuche an den Flugzeugen fanden im Frühjahr statt. Es konnte im allgemeinen mit einer Temperatur von im Mittel etwa 15⁰ gerechnet werden[2]). Der Barometerstand wurde zu 755 mm Q.S. angenommen. Dies geschah, weil die Flüge durchschnittlich in etwa 40 m Höhe über dem Erdboden stattfanden, das wäre für den Johannisthaler Platz eine Meereshöhe von etwa 80 m. Unter Berücksichtigung dieser Höhe würde dann der Barometerstand am Meeresspiegel etwa 760 mm Q.S. betragen.

Bei t = 15⁰ und H = 755 mm Q.S. ist die Luftdichte

$$\gamma = 1{,}293 \,\frac{755}{760} \cdot \frac{273}{288} = 1{,}218 \text{ kg/m}^3,$$

die Beziehung

$$R = \zeta \cdot F \cdot v^2 \frac{\gamma}{g}$$

läßt sich nach v auflösen in

$$v = \sqrt{\frac{g}{\gamma} \cdot \frac{1}{\zeta \cdot F}} \cdot \sqrt{R}$$

---

[1]) Es berechnet sich der zulässige Druck R (kg) auf die Feder nach der Beziehung

$$R = \frac{\pi}{16} \cdot \frac{d^3}{r} \cdot k_d;$$

hierin bedeuten d (cm) die Drahtstärke, r (cm) den Windungsdurchmesser, k_d (kg/qcm) die zugelassene Drehungsbeanspruchung. Die Zugfeder besaß 43 Windungen. Es war d = 0,1 cm, r = 0,675 cm. Zugelassen sollte werden = 4000 kg/qcm. Hieraus kann R im Maximum genommen werden

$$R_{max} = \frac{\pi}{16} \cdot \frac{0{,}1^3}{0{,}675} \cdot 4000 = 1{,}160 \text{ kg,}$$

da bei 26 m/sec die Belastung der Feder aber erst 0,835 g beträgt, so wurde diese Beanspruchung niemals erreicht.

[2]) Bei den Versuchen mit dem 50-PS-Mercedes wurde mit der damals herrschenden geringeren Temperatur gerechnet.

Da für die gewählte Scheibe die Konstanten gelten $F = 0{,}01767$ qm und $\zeta = 0{,}590$, so wird

$$v = 27{,}8 \cdot \sqrt{R}.$$

Es ist aber, wenn f (cm) die ideelle Durchfederung der Zugfeder bedeutet,

$$R = 0{,}096 \cdot f,$$

also wird

$$v = 8{,}62 \sqrt{f}.$$

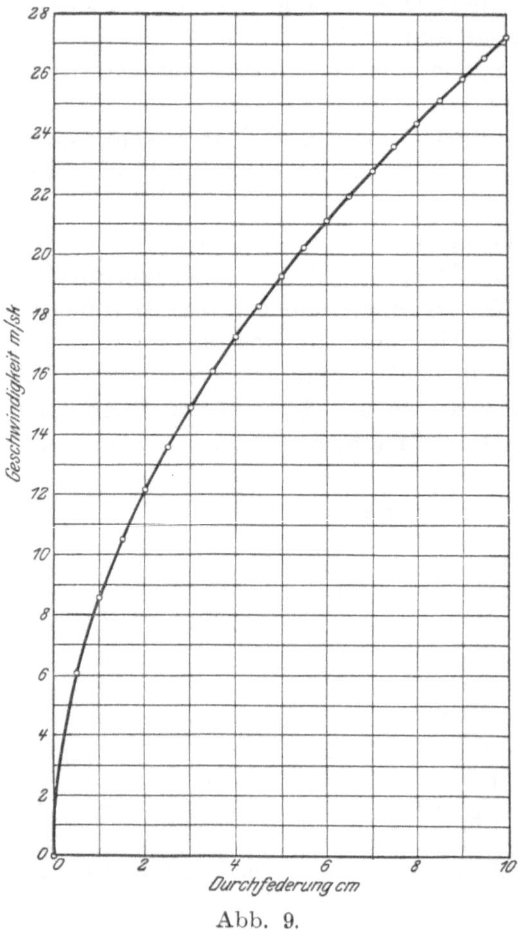

Abb. 9.

Eine Tabelle und ein Schaubild gibt den Zusammenhang von Geschwindigkeit mit Durchfederung wieder. Es ist auf beiden zu erkennen, daß bei höheren Geschwindigkeiten die Zugfeder gegen Geschwindigkeitsänderungen empfindlicher wird.

Abhängigkeit von Federlängung und Geschwindigkeit.

$$v = 8{,}62 \sqrt{f}$$

f	v	
cm	msec^{-1}	kmst^{-1}
0,5	6,09	21,90
1,0	8,62	31,00
1,5	10,56	38,00
2,0	12,19	43,85
2,5	13,63	49,20
3,0	14,93	53,80
3,5	16,13	58,10
4,0	17,25	62,20
4,5	18,30	65,80
5,0	19,29	69,40
5,5	20,23	72,9
6,0	21,13	76,0
6,5	21,97	79,1
7,0	22,80	82,2
7,5	23,60	85,0
8,0	24,37	87,6
8,5	25,12	90,5
9,0	25,85	93,1
9,5	26,56	95,6
10,0	27,25	98,2

c) Pendel.

Zur Bestimmung der Wagerechten wurde ein Pendel besonderer Konstruktion gewählt.

Es ist schwierig, mit einem Pendel auf einem sich ungleichförmig bewegenden Gegenstand in jedem Augenblick die Wagerechte festzustellen, da Geschwindigkeitsänderungen jedesmal auch Winkeländerungen der Richtkraft zur Folge haben. Diese Geschwindigkeitsänderungen sind nicht immer deutlich erkennbar. Es kommt auf die Änderung der absoluten Geschwindigkeit w an, die sich aus der Flugzeuggeschwindigkeit v und der Windgeschwindigkeit zusammensetzt. Das

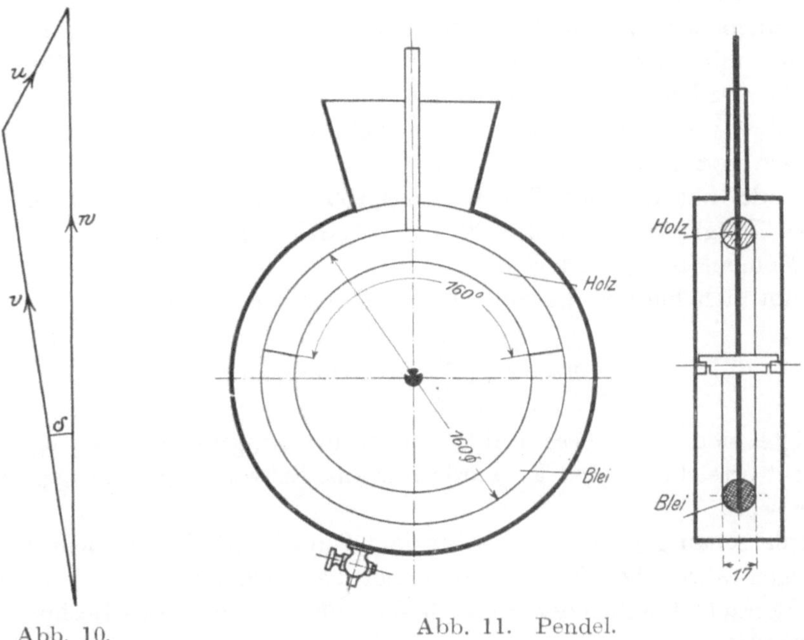

Abb. 10.   Abb. 11. Pendel.

Pendel aber hat seine Schwingungsebene in der Richtung von v. Änderungen der absoluten Geschwindigkeit

$$\pm \frac{dw}{dt}$$

beeinflussen das Pendel mit der Größe

$$\pm \frac{dw}{dt} \cdot \cos \delta.$$

Im Vergleich zur Flugzeuggeschwindigkeit war die Windgeschwindigkeit in den meisten Fällen gering. Sie wurde während des Fluges nicht gemessen und ihre Richtung zur Fahrzeuggeschwindigkeit nicht festgelegt. Es ist ein Anhalt für δ bei den vorliegenden Versuchen also nicht gegeben. Da δ ein kleiner Winkel ist, so wurde $\cos \delta = 1$, und damit auch Änderungen der absoluten Geschwindigkeit solchen der relativen Geschwindigkeit gleichgesetzt. Wie stark geringe Beschleunigungen oder Verzögerungen das Pendel beeinflussen können, zeigt, daß eine Geschwindigkeitsänderung von nur $\pm$ 0,171 m/sec² genügt, um eine Abweichung von 1° hervorzurufen.

Diese Stöße auf das Pendel infolge Geschwindigkeitsänderungen des Flugzeugs mußten abgedämpft werden. In dieser Abdämpfung liegt eine Schwierigkeit, da nämlich Drehungen des Flugzeugs ihre Einwirkung auf das Pendel übertragen können, das durch sie allein nicht beeinflußt werden würde.

Ein gewöhnliches Stangenpendel mit kreissektorförmigem Dämpfungskasten wird bei Drehungen des Kastens notwendigerweise durch das Vorbeifließen der

Dämpfungsflüssigkeit mitgenommen, ein Umstand, der durchaus unerwünscht ist. Gibt man dem Pendel eine symmetrische, kreisscheibenförmige Gestalt und läßt das Gehäuse diese Scheibe konzentrisch umschließen, dann vermag das Gehäuse eher allein sich zu drehen, ohne dabei die Dämpfungsflüssigkeit und die Pendelscheibe mitzunehmen. Diese Wirkung konnte bei der Ausführung nicht ganz erreicht werden, da die notwendige Dämpfungsflüssigkeit zu zäh war und an der Gehäusewand haften blieb. Immerhin waren bei langsamen Drehungen die Störungen gering.

Das Pendel hat folgende Bestimmungsgrößen: Gewicht G = 1074 g; Masse M = 1,095 g; Trägheitsmoment J = 43,1 g cm²; Schwerpunktsabstand e = 1,51 cm; statisches Moment S = 1623 gcm.

Es ergibt sich hieraus die Schwingungsdauer des Pendels zu

$$T = 2\,\pi.\sqrt{\frac{J}{S}} = 1{,}025 \text{ sec.}$$

Es zeigte sich, daß diese errechnete Schwingungsdauer des ungedämpften Pendels nicht erreicht wurde. Es wurde nur eine Schwingungsdauer gemessen von T = 1,016 sec.

Es wurde genau geprüft, ob sich bei dem Pendel eine Verschiedenheit der Einstellung zeigen würde bei Schräglagen seiner Lagerschneiden. Es konnte jedoch bei den in Betracht kommenden Schräglagen von etwa 20⁰ keine Beeinträchtigung gefunden werden.

Um das Pendel abzudämpfen, wurden verschiedene Öle verwandt. Den Temperaturen der Außenluft entsprechend kamen leicht- und dickflüssige zur Verwendung. Um einen Anhalt zu bekommen, wie stark die Dämpfung auf das Pendel wirke, wurde nach jedem Versuch die Dämpfung experimentell festgestellt.

Ein gedämpftes Pendel mit dem Trägheitsmoment J, einem statischen Moment S und einem Dämpfungsfaktor K (gcm²/sec) genügt folgender Schwingungsgleichung:

$$J\,\frac{d^2\,\alpha}{dt^2} + 2\,K\,\frac{d\alpha}{dt} + S \cdot \alpha = 0.$$

Man erhält aus dieser Gleichung aufgelöst α und $\dfrac{d\alpha}{dt}$. Zur Vereinfachung wird gesetzt

$$a = \frac{K}{J}; \quad b = \frac{S}{J}.$$

A und B seien zwei Konstanten. Hiermit wird

$$\alpha = e^{-at}\left[A \cdot \cos\left(t\,\sqrt{b - a^2}\right) + B \sin\sqrt{b - a^2}\,\right]$$

und

$$\frac{d\alpha}{dt} = +\,e^{-at}\left[\cos\left(t\,\sqrt{b - a^2}\right)\left(-\,a \cdot A + B\,\sqrt{b - a^2}\right)\right.$$
$$\left. +\,\sin\left(\sqrt{b - a^2}\right)\left(-\,A\,\sqrt{b - a^2} - B \cdot a\right)\right].$$

Es gelten die Grenzbedingungen für $t = 0$

1. $\quad \alpha = \alpha_0$

$\quad\quad \alpha_0 = 1 \,[A \cdot 1 + B \cdot 0] \qquad A = \alpha_0$

2. $\quad \dfrac{d\alpha}{dt} = 0$

$\quad\quad 0 = 1 \left\{ 1 \left[- a \cdot A + B \sqrt{b - \alpha^2} \right] + 0 \cdot [\ ] \right\}$

$\quad\quad B = \dfrac{a}{\sqrt{b - a^2}} \cdot \alpha_0.$

Setzt man ein, so erhält man endlich

$$\mathrm{I} \quad \alpha = \alpha_0 \cdot e^{-K\frac{t}{J}} \left[\cos\left(\frac{t}{J} \sqrt{S \cdot J - K^2} \right) + \frac{K}{\sqrt{S \cdot J - K^2}} \cdot \sin\left(\frac{t}{J} \sqrt{S \cdot J - K^2} \right) \right].$$

$$\mathrm{II} \quad \frac{d\alpha}{dt} = - \alpha_0 \cdot e^{-K\frac{t}{J}} \frac{S}{\sqrt{S \cdot J - K^2}} \cdot \sin \cdot \left(\frac{t}{J} \sqrt{S \cdot J - K^2} \right).$$

In Gleichung I wird $\alpha = 0$, wenn die $[\ ] = 0$. Dies ist der Fall, wenn

$$\mathrm{tg}\left(\frac{t \sqrt{S \cdot J - K^2}}{J} \right) = - \frac{\sqrt{S \cdot J - K^2}}{K},$$

hieraus

$$\mathrm{III} \quad t_0 = \frac{J}{\sqrt{S \cdot J - K^2}} \ \mathrm{arc}\ \mathrm{tg}\left(- \frac{\sqrt{S \cdot J - K^2}}{K} \right).$$

Diese Zeit t_0 gibt an, wie lange das Pendel braucht, um aus seiner ersten Ausschlagslage bis zur Vertikalen zu schwingen.

Bei den vorliegenden Versuchen wurde das Pendel stets so abgedämpft, daß höchstens eine ganze Periode zu erkennen war, deren zweite Hälfte schon so glatt in die Ruhelage einlief, daß sie für die Auswertung der Einstellung keine Fehlerquelle mehr mit sich bringen konnte. Es kommt daher auf die Kenntnis der Zeit an, die das Pendel braucht, um aus seiner Ausschlagstellung zum ersten Male durch die Vertikale durchzuschwingen. Diese Zeit t_0 gibt dann auch ein Maß für die zeitliche Verzögerung der Einstellung mit einer genügenden Genauigkeit.

Aus dieser nach Beendigung der Versuche festgestellten Zeit t_0 kann dann unter Zuhilfenahme einer Tabelle und eines Schaubildes die Dämpfung K ermittelt werden, die während der Versuche am Pendel gewirkt hat. Das Verfahren ist etwas roh, genügt aber für den vorliegenden Zweck.

Abhängigkeit von Pendeldämpfung zur Pendelschwingungsdauer.

Für $K = 264{,}5$ wird $t_0 = \infty$.

K	t_0	K	t_0	K	t_0
0	0,256	100	0,338	200	0,604
25	0,273	125	0,382	225	0,803
50	0,292	150	0,430	240	1,050
75	0,316	175	0,498	250	1,403

Da die Pendelausschläge nicht größer als wenige Grad sind, so können Ausschlagbogen und Sehne gleichgesetzt werden. Es ist der Schreibradius des Pendels 148 mm. Es entsprechen also 2,57 mm einem Ausschlag von 1^0.

Um einen größeren Winkelbereich benutzen zu können, kann der Schreibstift des Pendels 10 mm seitlich verschoben werden, so daß er nicht mehr senkrecht über dem Schwerpunkt liegt. Der Schreibradius verlängert sich zwar hierdurch etwas, dies hat aber auf den Ausschlag für 1^0 wenig Einfluß.

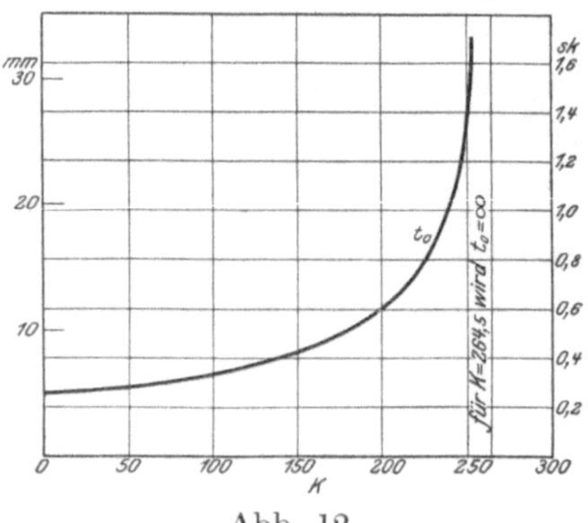

Abb. 12.

Korrekturen für die Pendeleinstellung bei Flugzeugbeschleunigungen oder Verzögerungen.

$$\nu = \mathrm{tg}\ \nu = \frac{p}{g}$$

p msec^{-2}	ν^0	p msec^{-2}	ν^0	p msec^{-2}	ν^0	p msec^{-2}	ν^0
0,05	0,29	0,15	0,88	0,25	1,47	0,35	2,05
0,10	0,59	0,20	1,17	0,30	1,76	0,40	2,34

d) Windfahne.

Die horizontale Windfahne hatte den Zweck, die Richtung der Luftströmung an der Stelle, an welcher der Versuchsapparat angeordnet war, festzustellen. Sie bestand aus zwei gegeneinandergestellten gewölbten Flächen von den Abmessungen $60 \cdot 240$ mm und einem Wölbungspfeil von $^1/_{12}$.

Die Neigung einer Fläche zur Symmetrieachse der Fahne beträgt 6^0. Eine Abweichung des Luftstromes um 1^0 bei einer Luftgeschwindigkeit von 18 m/sec übt auf die Fahne eine Richtkraft aus von

$$R = 0{,}056 \text{ kg}^1).$$

Diese Richtkraft greift an einen Hebelarm von 140 mm an. Der Hebelarm des Schreibschlittens ist etwa 200 mm. Demnach ist am Schreibschlitten die Richtkraft noch

$$\frac{140}{200} \cdot 0{,}056 = 0{,}039 \text{ kg.}$$

Diese Kraft ist genügend, um die Reibungswiderstände des Schlittens zu überwinden und eine feine Einstellung zu ermöglichen.

Eine Prüfung auf genaue Einstellung der Windfahne in ihre Nullachse ergab nur einen Fehler von etwa — $^2/_3{}^0$, welcher jedoch so genau nicht ermittelt werden konnte, daß eine Korrektur der Windfahnenangaben dadurch gerechtfertigt war.

---

[1]) Berechnet nach Föppl, Windkräfte an ebenen und gewölbten Platten, S. 58.

Die Ausbalancierung der Windfahne hatte erhebliche Trägheit zur Folge. Eine Öldämpfung mußte vorgesehen werden, welche die Schwingungen des Instrumentes abklingen ließ.

Der Drehpunkt der Fahne lag weit entfernt von dem Schreibwerk. Ein Zwischenglied mußte eingefügt werden. Hierdurch wurden die Aufzeichnungen der Windfahne in ihren verschiedenen Stellungen voneinander abweichend.

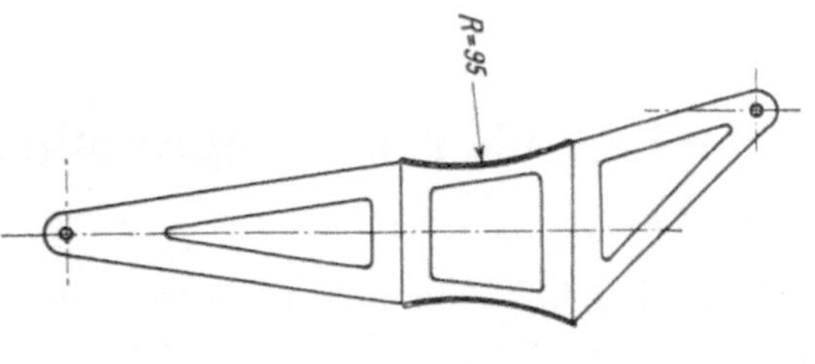

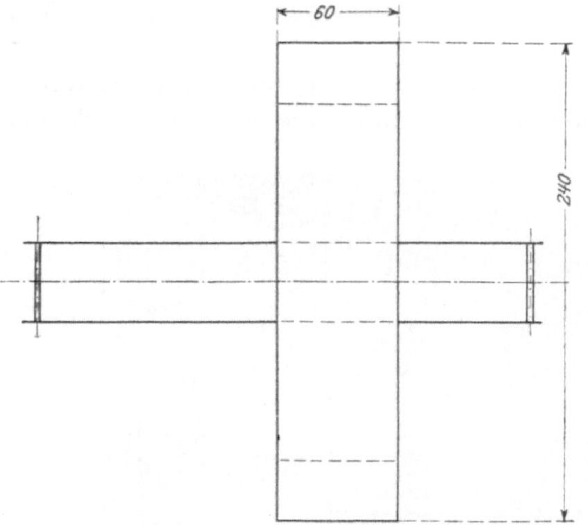

Abb. 13. Windfahne.

Eine Tabelle und eine Kurve geben den Verlauf der Ausschläge in Funktion der Ablesungen wieder.

Ablesungen der Windfahne.

mm	η^0	mm	η^0
+ 0,0	+ 0,00	+ 15,0	+ 3,80
+ 2,5	+ 0,62	+ 17,5	+ 4,44
+ 5,0	+ 1,24	+ 20,0	+ 5,10
+ 7,5	+ 1,87	+ 22,5	+ 5,75
+ 10,0	+ 2,51	+ 25,0	+ 6,41
+ 12,5	+ 3,15	—	—

mm	η^0	mm	η^0
— 0,0	— 0,00	— 15,0	— 3,63
— 2,5	— 0,62	— 17,5	— 4,22
— 5,0	— 1,23	— 20,0	— 4,81
— 7,5	— 1,83	— 22,5	— 5,39
— 10,0	— 2,44	— 25,0	— 5,97
— 12,5	— 3,04	—	—

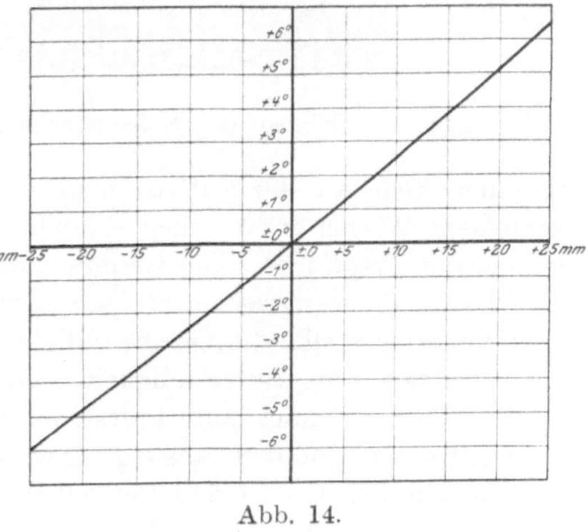

Abb. 14.

Der Nullpunkt der Windfahne konnte am Schreibschlitten verstellt werden.

Es war damit die Möglichkeit gegeben, verschiedene Meßbereiche der Windfahne auf dem Papierband aufzeichnen zu lassen.

III. Versuchsvorgang und Übersicht über die angestellten Versuche.

Der aus Druckscheibe, Pendel und Windfahne in Verbindung mit dem Schreibwerk zusammenhängende Apparat bildete ein geschlossenes Ganze, das in ein Flugzeug gehängt wurde. Der Flug eines Flugzeugs wurde mit diesem Apparat nach folgenden Überlegungen beurteilt.

1. Ein Flugzeug bewege sich in ruhiger Luft auf horizontaler Bahn. Der durch das Pendel gemessene Winkel und der durch die horizontale Windfahne

Abb. 15.   Einbau des Meßapparates in den 50-PS-Mercedes (Type F$_2$ 1911).

an einer Stelle, wo der Luftstrom nicht durch das Flugzeug selbst abgelenkt wird, gemessene Winkel entsprechen einander und geben beide ein Maß für den Anstellwinkel der Tragfläche. Die Geschwindigkeit ist die normale Fluggeschwindigkeit.

2. Ein Flugzeug sei im Steigen oder Fallen begriffen. Die Flächen sind steiler oder flacher gestellt, die Geschwindigkeit ist verringert oder vergrößert gegenüber der normalen Fluggeschwindigkeit. Die Schräglage der Fläche zur Horizontalen wird durch das Pendel, zum Luftstrom durch die horizontale Windfahne gemessen. Ihre Differenz gibt den Ansteig- bzw. Fallwinkel an.

Es war bei den zu den Versuchen benutzten Doppeldeckern am einfachsten, den Apparat zwischen beide Flächen auf einer Seite derart anzubringen, daß er nicht vom Propellerstrom oder durch das vorgebaute Höhensteuer beeinflußt werden konnte. Die genaue Lage der Versuchsstelle ist in den beigegebenen Zeichnungen der benutzten Flugzeuge kenntlich gemacht.

Diese Anordnung hatte ihre Vorteile in der schnellen Montage und sicheren Verspannung des Apparates. Auch war er gegen Beschädigungen besser geschützt, als wenn er in der Nähe schwerer Teile angebracht wäre. Ein besonderes Gerüst, das am zweckmäßigsten dem Flugzeuge weit vorgebaut wäre und das Instrument in genügender Entfernung von Trag- und Steuerfläche und von der Antriebsschraube trüge, wurde nicht vorgesehen, da für die Versuche nur solche Flugzeuge zur Verfügung standen, die für die Ausbildung von Schülern, Teilnahme an Wettbewerben bestimmt und während kurzer Zeit für die Versuche frei verwendbar waren.

Der durch die Tragflächen abgelenkte Luftstrom hatte Abweichungen in den Messungen der Windfahne zur Folge. Es konnten diese jedoch in bestimmter Weise berücksichtigt werden, wie später dargelegt werden wird.

Der Apparat hatte während des Versuchs weiter keine Wartung notwendig. Es war nur erforderlich, daß der Flugzeugführer oder dessen Fluggast das Umlaufwerk des Schreibapparats nach erfolgtem Abflug in Gang setzte und nach der Landung zum Stillstand brachte. Die Führer der Flugzeuge wurden angewiesen, während der Flüge tunlichst die gleiche Höhe einzuhalten und keine besonderen Manöver während derselben auszuführen.

Der Abflug fand auf dem alten Startplatz des Johannisthaler Flugplatzes statt; die Flüge folgten dann der dort vorgeschriebenen Flugordnung und umkreisten den Flugplatz in Linksdrehung. Je nachdem die Flüge weiter oder enger genommen wurden, dehnte sich ein Kreisflug auf $2\frac{1}{2}$—3 km aus. Dieser Rundflug wurde bei einem Versuche zwei- bis dreimal wiederholt, so daß die Versuchsangaben sich auf Strecken bis etwa $7\frac{1}{2}$ km belaufen.

Die in geschlossenem Kreis stattfindenden Flüge besaßen ihre Nachteile, da nach kurzen Strecken geradeaus sofort eine Kurve zu nehmen war. So kommen doch auf etwa $7\frac{1}{2}$ km Fluglänge schon 12 Kurven. Auch ist bei ständigen Kreisflügen die Wirkung des herrschenden Windes nicht klar zu ermitteln, da erfahrungsgemäß örtliche Verhältnisse eine starke Beeinflussung des Windes hervorgerufen haben. Dies gilt namentlich für die Gegenden, in welchen der Flugplatz durch Wald begrenzt ist, und große Luftschiffhallen stehen.

Lange Flüge geradeaus hätten zu Überlandflügen geführt; sie wurden trotz ihrer Vorteile nicht unternommen, weil sich die Flugzeuge zu Überlandflügen teilweise nicht eigneten. Wo dies nicht der Fall war, wurde darauf verzichtet, da mit Überlandflügen ein größeres Risiko verbunden gewesen wäre, das von größeren Mitteln, als für die Versuche vorhanden waren, hätte getragen werden müssen.

Im allgemeinen fanden die Flüge in den Abendstunden oder ganz früh am Morgen statt, wenn die Windstärke klein oder Null war. In einzelnen Fällen war sie erheblich, doch ist dies dann in der Versuchsübersicht besonders angegeben. Die Versuchsdauer wurde mit der Stoppuhr gemessen, die eingehaltene Flughöhe wurde geschätzt.

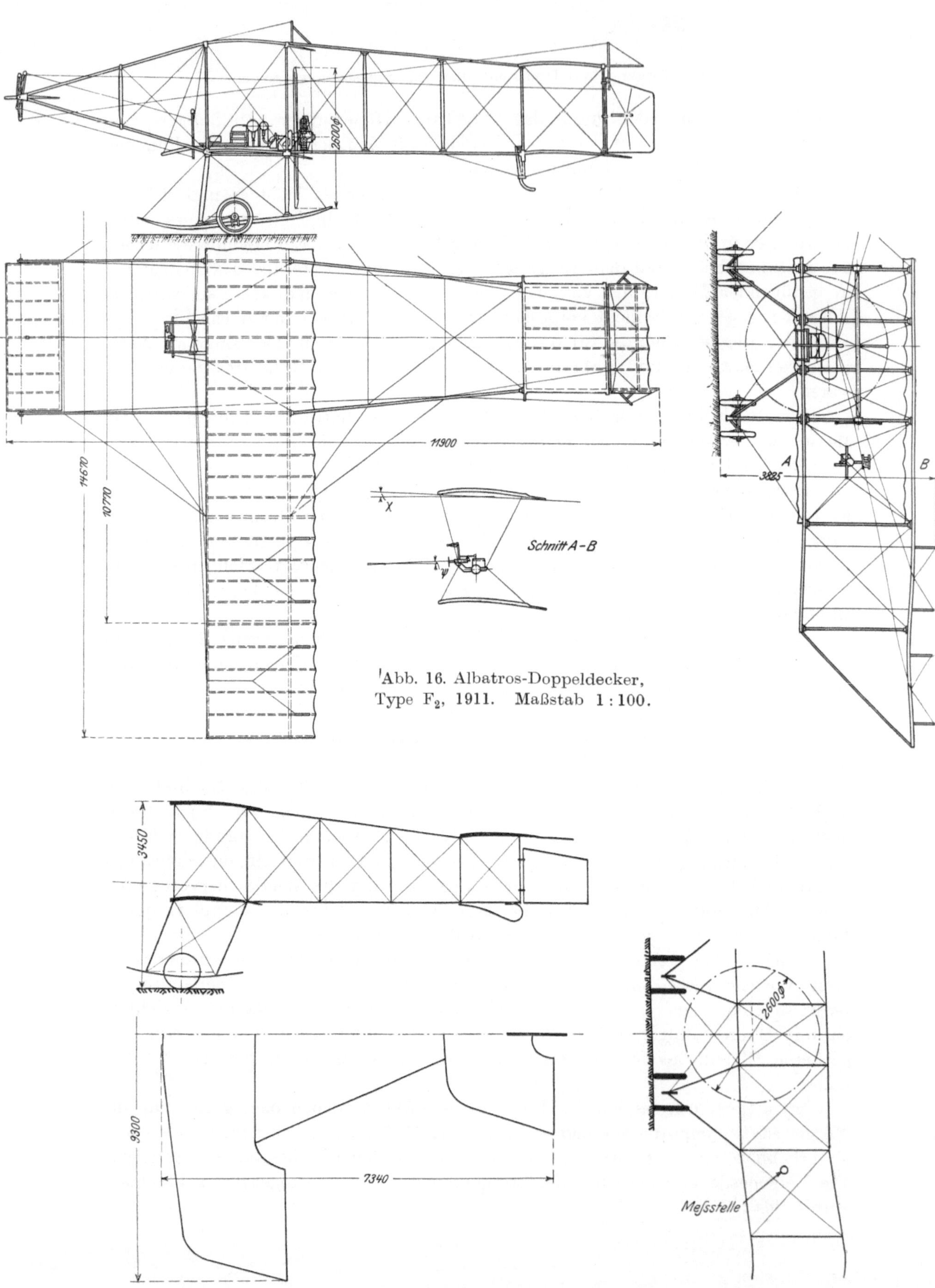

Abb. 16. Albatros-Doppeldecker, Type F₂, 1911. Maßstab 1:100.

Abb. 17. Albatros-Doppeldecker, Type RZ₁. Maßstab 1:100.

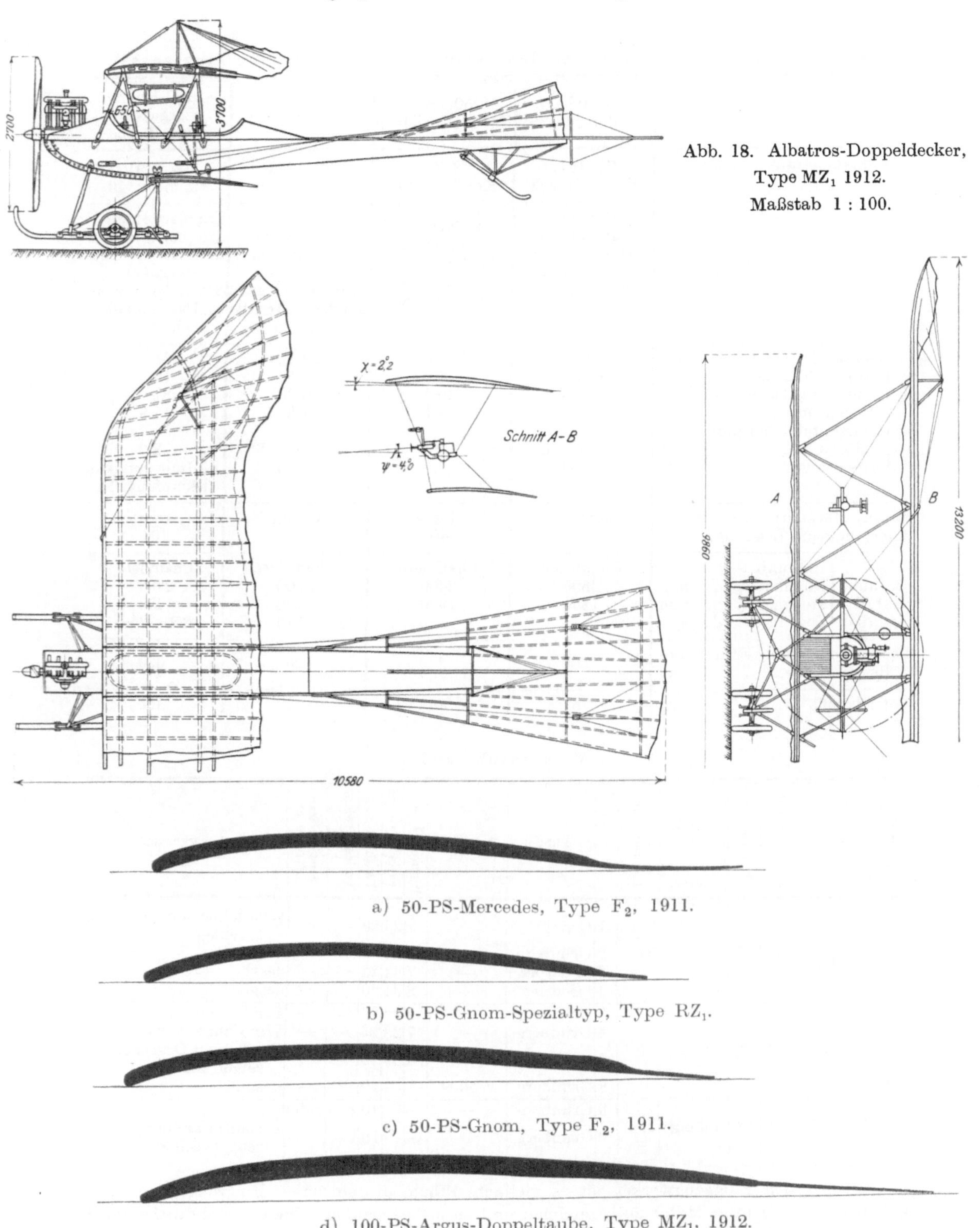

Abb. 18. Albatros-Doppeldecker,
Type MZ₁ 1912.
Maßstab 1 : 100.

a) 50-PS-Mercedes, Type F₂, 1911.

b) 50-PS-Gnom-Spezialtyp, Type RZ₁.

c) 50-PS-Gnom, Type F₂, 1911.

d) 100-PS-Argus-Doppeltaube, Type MZ₁, 1912.

Abb. 19. Kurven der Haupttragrippen. Maßstab 1 : 20.

Konstruktionsangaben über die zu den Versuchen herangezogenen Flugzeuge[1]).

	50-PS-Mercedes	50-PS-Gnom-Spezialtyp	50-PS-Gnom	100-PS-Argus-Doppeltaube
Fabrikationsbezeichnung . . .	F_2, 1911 Kom.-Nr. 298	RZ_1 Kom.-Nr. 182	F_2, 1911 Kom.-Nr. 381	MZ_1, 1912 Kom.-Nr. 40
Bauart	Farmantyp, Schwanzzelle, Höhensteuer vorne, mit hinterem verbunden, Schraube hinten	Spezialtyp, Tragflächen seitlich hochgezogen, Höhensteuer hinten, Schraube vorne	Farmantyp, Schwanzzelle, Höhensteuer vorne, mit hinterem verbunden, Schraube hinten	Tragfläche seitlich hochgezogen und aufgewölbt, gestaffelt. Schraube vorne, Höhensteuer hinten
Flächen — Oberes Tragdeck . . . m²	29,34	16,0	29,34	21
Unteres Tragdeck . . . m²	21,54	14,0	21,54	16
Beide Tragdecke zus. . m²	50,88	30,0	50,88	37
Höhensteuer . . . . . m²	4,6	3,2	4,6	3,8
Horizontale Dämpfungsfläche . . . . m²	$2 \times 4 = 8$	3,0	$2 \times 4 = 8$	3,3
Seitensteuer . . . . . m²	1,06	0,9	1,06	3,3 (mit vertikal. Dämpfungsfl.)
Motor, Herkunft	Mercedes	Gnom	Gnom	Argus
Angenommene Leistung. . .	45	40	—	100
Luftschraube (Fabrikangabe) — Herkunft	Chauvière	Chauvière	Chauvière	Chauvière
Durchmesser . mm	2600	2600	2600	2700
Steigung . . . mm	1250	1320	1320	1450
Zug im Stand. kg	—	170	170	250—260
Leergewicht (ohne Führer und Betriebstoff) . . . . . . kg	500	340	420	630
Betriebstoffe . . . . . . kg	75	45	75	100

Versuchsübersicht.

Flugzeug	Datum	Barometer mm Q.-S.	Temperatur	Windstärke m/sec	Leergang a mm	Lfde. Nr.	Führer	Fluggast	Dauer des Fluges Minuten	Sekund.	Flughöhe m	Volles Gewicht kg	Ausgewertete Strecke m	Bemerkungen
50-PS-Mercedes	8. März 1912	765	8⁰	4—5	27,1	1	Grünberg	—	7	25	20	—	—	Windfahne am vorderen Anschlag
						2	Grünberg	—	7	25	20	—	—	desgl.
						3	Coerper	—	7	58	20	—	—	desgl.
						4	Coerper	—	8	34	20	—	—	desgl.
	9. März 1912	766	2⁰	böig	21,4	5	Grünberg	—	5	22	20	—	—	Pendel setzt aus
						6	Grünberg	—	7	28	20	—	—	Windfahne setzt aus
						7	Coerper	—	8	39	20	—	—	Pendel und Druckscheibe setzen aus
						8	Grünberg	Weiher	—	—	20	—	—	desgl.
	21. März 1912	758	6⁰	mäßig	21,6	9	Grünberg	—	—	—	10	645	8400	Unsanfte Landung, Flugzeug beschädigt
						10	Grünberg	—	—	—	10	—	—	

[1]) Bei den Flugzeugwerken ist es vielfach üblich, die einzelnen Flugzeuge nach dem auf ihnen eingebauten Motor zu bezeichnen und zu unterscheiden. Diesem Gebrauche wurde gefolgt, und infolgedessen ist ein Flugzeug durch seinen Motor bestimmt.

Flugzeug	Datum	Barometer mm Q.-S.	Temperatur	Windstärke m/sec	Leergang a mm	Lfde. Nr.	Führer	Fluggast	Dauer des Fluges Minuten	Sekund.	Flughöhe in	Volles Gewicht kg	Ausgewertete Strecke m	Bemerkungen
50-PS-Gnom-Spezialtyp	3. Mai 1912	763	5⁰	schwach	28,6	11	Thelen	—	8	14	20	430	5400	
						12	Thelen	—	8	04	20	—	—	Akkumulator Kurzschluß
	6. Mai 1912	767	15⁰	desgl.	25,6	13	Thelen	—	—	—	15	—	—	Pendel setzt aus
						14	Thelen	—	—	—	15	430	2680	
	18. Mai 1912	758	12⁰	desgl.	23,1	15	Thelen	—	2	54	10	—	—	Pendel setzt aus
						16	Thelen	—	2	57	10	—	—	desgl.
50-PS-Gnom	20. Mai 1912	762	15⁰	3—4	28,5	17	Rupp	—	9	41	30	560	900	
						18	Rupp	unbek.	5	47	30	635	2700	Sehr böig
	21. Mai 1912	760	15⁰	schwach	28,5	19	Wecsler	—	5	37	30	—	—	Windfahne nicht ausgeglichen
						20	Wecsler	Noelle	5	55	30	645	4500	
	23. Mai 1912	751	15⁰	3—4	28,5	21	Rupp	—	9	52	40	—	3600	
						22	Rupp	—	11	11	40	—	5400	
100-PS-Argus Doppeltaube	5. Juni 1912	755	15⁰	schwach	45,1	23	Thelen	Foerster	6	26	40	810	4200	
						24	Foerster	—	5	53	40	735	2640	
						25	Thelen	—	6	18	50	735	6000	
	6. Juni 1912	760	10⁰	schwach	45,1	26	Thelen	—	6	18	50	800	6000	
						27	Thelen	—	6	37	50	—	—	Windfahne und Druckscheibe setzen aus
						28	Thelen	—	6	52	50	800	3600	

IV. Versuchsergebnisse.

Die Versuchsergebnisse werden den Kurven des Papierstreifens entnommen. Obwohl sie der Größe nach noch nicht sofort festzustellen sind, so läßt sich doch aus dem Betrachten dieser Rohkurven einiges schließen.

Wie zu erwarten war, zeigen sämtliche Instrumente ein dauerndes Schwanken an. Die Geschwindigkeit des Flugzeugs ist einem beständigen Wechsel unterworfen. Diese fortwährenden Geschwindigkeitsänderungen haben eine Störung des Pendels zur Folge, das trotz starker Dämpfung selten zur Ruhelage kommt; doch sind die Schwankungen des Pendels nicht allein dieser Ursache zuzuschreiben, sondern auch Drehungen des Flugzeuges selbst, wie durch die Windfahne gezeigt wird.

Es läßt sich ein gutes Zusammenarbeiten der drei Instrumente feststellen, das zwar nicht immer deutlich bei Untersuchung von kurzen Strecken wegen der Trägheit und Schwingungen der Instrumente erkennbar ist, das aber bei Auswertung größerer Strecken gut bestätigt wird.

In einem Schaubild sind einige Stücke von Originalpapierbändern wiedergegeben. Sie zeigen jedesmal den Flugverlauf von 15 Sekunden, die aus einem längeren Versuchsfluge herausgewählt wurden.

Die Stücke stammen von verschiedenen Flugzeugen, und zwar die Nr. I—III von einem Versuche mit der 50-PS-Gnomschulmaschine (lfde. Nr. 18, 20. Mai 1912), Nr. IV—VI von einem solchen mit der 100-PS-Argus-Doppel-Taube (lfde. Nr. 25, 5. Juni 1912) und endlich Nr. VII von dem Versuche mit dem 50-PS-Mercedes (lfde. Nr. 10, 21. März 1912).

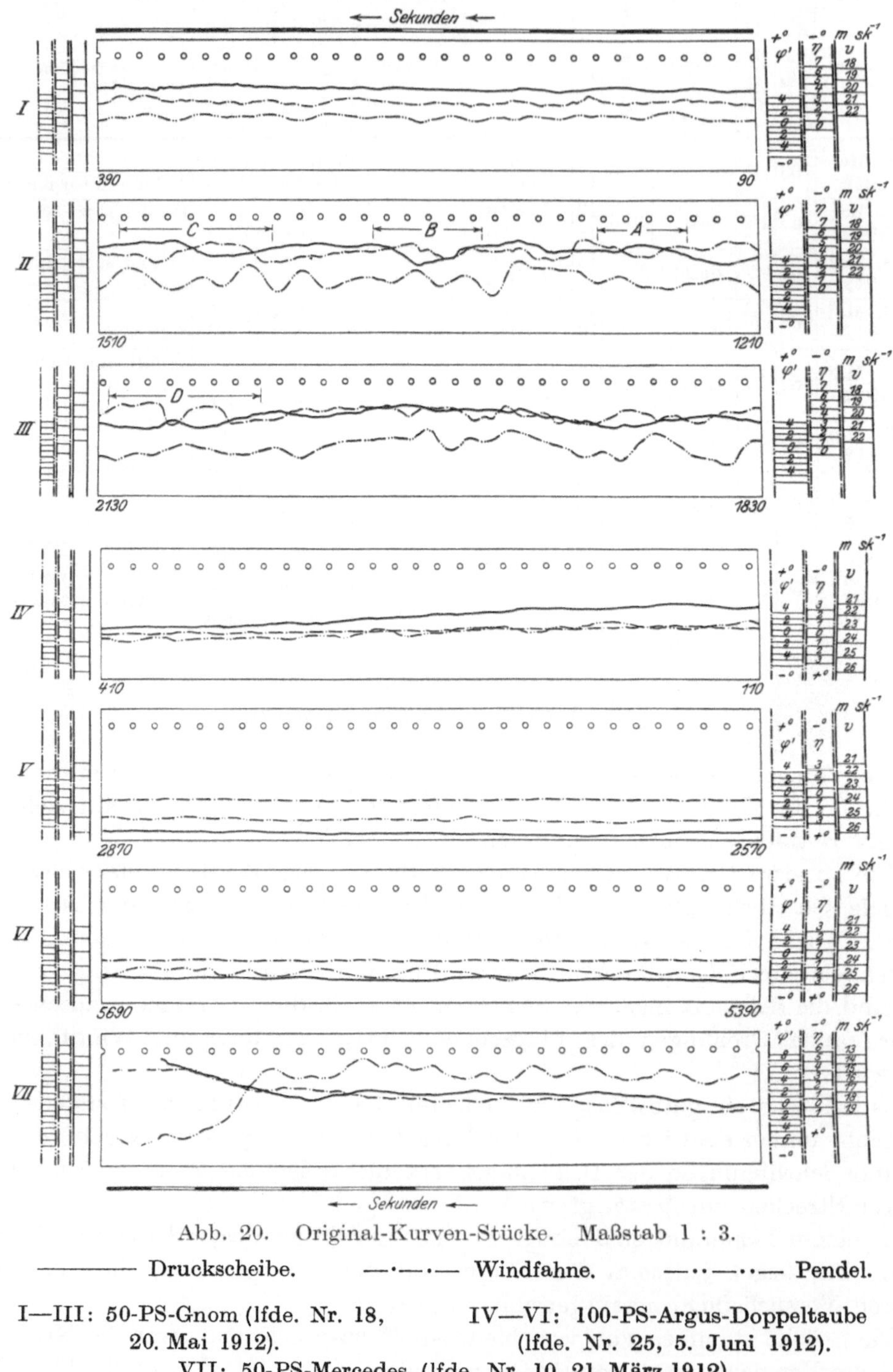

Abb. 20. Original-Kurven-Stücke. Maßstab 1 : 3.

——————— Druckscheibe.   —·—·— Windfahne.   —··—··— Pendel.

I—III: 50-PS-Gnom (lfde. Nr. 18,   IV—VI: 100-PS-Argus-Doppeltaube
20. Mai 1912).   (lfde. Nr. 25, 5. Juni 1912).
VII: 50-PS-Mercedes (lfde. Nr. 10, 21. März 1912).

Nr. II und III zeigen besonders unruhige Kurvenstücke. Der Führer des Flugzeugs erzählte nachher, daß er in der Luft starke Böen zu parieren gehabt hätte.

Nr. I läßt jedoch erkennen, daß er nicht ständig mit derartigem Wind zu kämpfen hatte, da dieses Stück einen wesentlich ruhigeren Flug darstellt.

Alle drei Kurven verlaufen im gleichen Sinne. Einer Geschwindigkeitsverminderung entspricht ein Ansteigen der Geschwindigkeitskurve nach dem Lochrand zu; geringere Geschwindigkeit erfordert aber ein Steilerstellen des Flugzeugs. Dieses wird durch ein Ansteigen der Pendelkurve angedeutet. Bei horizontal gehendem Wind wird die Windfahne durch das Steilerstellen des Flugzeugs in der Weise beeinflußt, daß der Wind die Instrumentenachse von ihrer Unterseite trifft. Dies läßt die Windfahnenkurve ebenfalls nach dem Lochrande zu verschieben.

Allerdings wirkt nun die hierbei auftretende Verzögerung auf das Pendel in entgegengesetztem Sinne ein, indem sie seinen Nullpunkt nach dem glatten Rande des Papierbandes zu versetzt; doch läßt sich immerhin diese Wechselwirkung verfolgen, wenn man den mittleren Verlauf der Kurven betrachtet.

Da diese Geschwindigkeitsänderungen erfolgten, ohne daß gleichzeitig wesentliche Schwankungen in der Motorleistung in Erscheinung traten, so waren mit ihnen auch Änderungen der Höhenlage des Fluges verbunden.

An vielen Stellen sind die Windfahnen- und die Geschwindigkeitskurven in ihrem Verlauf auf kurze Strecken nicht gleichsinnig. Man sieht vielfach, daß sich zwei scharfe Wölbungen mit der offenen Seite oder mit der Kuppe einander gegenüberstehen. Diese Erscheinung findet ihre Erklärung in der Einwirkung des Windes.

Ein Flugzeug, welches bei stärkerem Winde fliegt, ist dem Einfluß von Böen ausgesetzt. Mit dem Sammelbegriff Bö bezeichnet man Unregelmäßigkeiten des Windes in seiner Stärke und Richtung.

Der Flugzeugführer, der während seines Fluges Böen begegnet, ist gezwungen, durch geeignete Steuerbewegungen ihre Einwirkung auf das Flugzeug aufzuheben, und das Flugzeug so in gleicher Geschwindigkeit und Flughöhe zu halten.

In den Rahmen der vorliegenden Betrachtung fallen nur Böen, die das Flugzeug in der Vertikalebene treffen. Es ist zu untersuchen, welchen Einfluß eine Bö auf die Druckscheiben- und Windfahnenkurven ausübt. Das Pendel wird durch die Stöße einer Bö zu sehr gestört, so daß seine Kurven zum Vergleich nicht herangezogen werden können.

Ein Flugzeugführer empfindet z. B., daß der Wind, der sein Gesicht trifft, plötzlich nachläßt, er stellt sofort das Höhensteuer auf Flug nach abwärts, um wieder auf Geschwindigkeit zu kommen. In einem anderen Falle wird er durch eine Bö plötzlich nach unten geworfen, er stellt dann sein Flugzeug mehr aufrecht, um die gleiche Höhe einzuhalten.

Im ersten Falle bewegt sich die Geschwindigkeitskurve dem Lochrande zu, während die Windfahnenkurve entgegengesetzt verläuft. Im zweiten Falle sinkt die Windfahnenkurve dem glatten Papierrand zu, die Druckscheibenkurve steigt an. Das früher gezeigte gleichsinnige Verhalten der Kurven bei ruhigem Flug trifft nicht mehr zu, die Kurven bewegen sich gegeneinander gekehrt.

In den Stücken Nr. II und III sind mehrere solcher Böen zu finden. Einzelne sind durch die Strecken A, B, C und D gekennzeichnet.

Die Angaben der Windfahnen- und Druckscheibenkurven sind auf ein besonderes Schaubild übertragen worden. Der Beschleunigungsverlauf während einer

Bö wurde ermittelt. Man erkennt die kräftigen horizontalen Stöße, denen ein Flugzeug im Fluge ausgesetzt ist.

Der Versuch mit der Doppel-Taube (Nr. IV—VI) fand bei wesentlich ruhigerem Wetter statt. Die Kurven zeigen eine schöne Stetigkeit[1]).

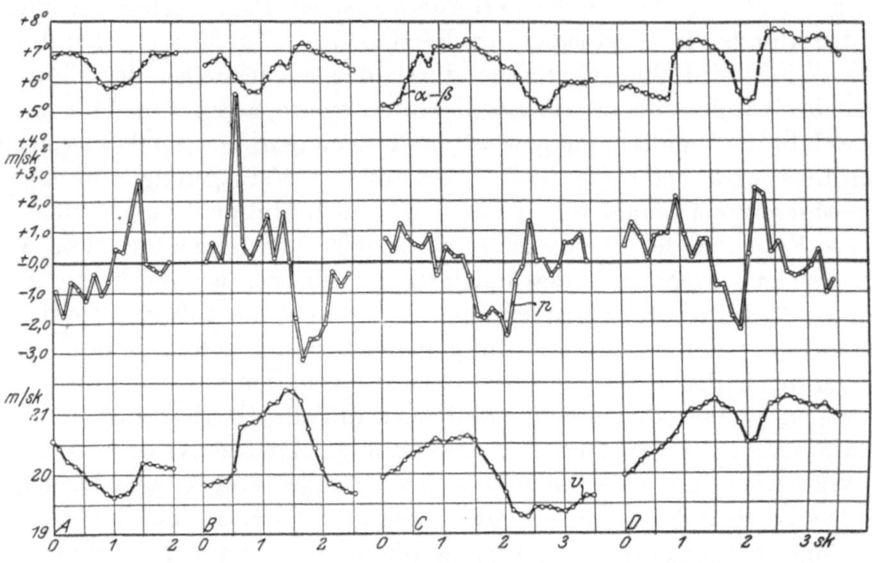

Abb. 21.   50-PS-Gnom (lfde. Nr. 18, 20. Mai 1912).

Das Stück Nr. VII zeigt die zufällige Aufzeichnung eines Sturzes des 50-PS-Mercedes infolge Abrutschens in einer Kurve. Der Motor war für die Flugzeuggröße etwas zu schwach und hatte wenig Kraftüberschuß. Er war bei dem Versuch nicht recht in Ordnung und ließ unterwegs an Leistung nach. Die Kurven zeigen die letzten 15 Sekunden des Fluges. Man sieht deutlich, wie die Geschwindigkeit immer mehr und mehr abnimmt, wie auch gleichzeitig die Anstellwinkel wachsen. In den letzten Augenblicken ist die Verzögerung des Flugzeuges so stark, daß der Schreibstift des Pendels an den hinteren Anschlag geschleudert wird. Diese Verzögerung wurde hervorgerufen durch ein starkes Steilerstellen der Flächen, wie aus der Windfahnenkurve ersichtlich wird. Es ist interessant, in diesem Falle die Drehgeschwindigkeit des Flugzeuges um die Querachse festzustellen. Es drehte sich um $2\frac{1}{2}^0$ in 1,67 Sekunde. Dies kommt einer Winkelgeschwindigkeit

$$\omega = \frac{2,5 \cdot 0,0175}{1,67} = 0,026$$

gleich. Die Verzögerung während dieser Zeit war

$$\frac{17,55 - 13,40}{2,9} = 1,41 \ \mathrm{msec}^{-2}.$$

Schließlich kam das Flugzeug zu Boden, das Instrument blieb stehen.

---

[1]) Es ist diese bei der Windfahnenkurve teilweise wohl auch darauf zurückzuführen, daß die Dämpfung der Windfahne wegen der höheren Lufttemperatur verstärkt worden war.

Wenn man das Verhalten der Kurven auf eine kurze Strecke beobachtet, so läßt sich aus der Unruhe der Kurven kein klares Bild gewinnen. Um den Flug des Flugzeugs beurteilen zu können, ist es notwendig, daß man längere Versuchsstrecken in Betrachtung zieht.

Es wurden alle durchgerechneten Kurven nach folgendem System ausgewertet.

Die einige Meter langen Streifen wurden in Abschnitte von 300 mm entsprechend rund 15 sec Versuchsdauer unterteilt. Aus jedem dieser Teile wurde nun ein Mittelwert für die Aufzeichnung der drei Kurven gewonnen, indem das Mittel aus je 15 Einzelmessungen gerechnet wurde. Bei der Pendelkurve wurden sogar (mit Ausnahme der Versuche mit der Doppel-Taube, wo dieses wegen ihres ruhigen Fluges nicht nötig war) 30 Einzelmessungen für den Mittelwert berücksichtigt. Die starken Schwankungen des Pendels machten dies erforderlich. Es wurden also aus je einem solchen Stück zusammengehörige Werte von den Angaben der Druckscheibe, des Pendels und der Windfahne ermittelt. Ferner wurde noch die Anfangs- und Endgeschwindigkeit eines Abschnittes festgestellt und aus diesen beiden die Geschwindigkeitsänderung errechnet, die während des Abschnittes gleichmäßig herrschend gedacht, zur Pendelkorrektur herangezogen wurde.

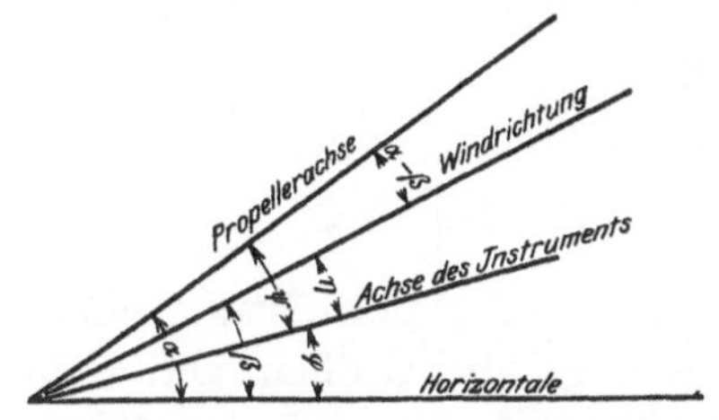

Abb. 22. Winkelbezeichnung.

ψ = const = Einstellwinkel der Achse des Instrumentes zum Flugzeug.

χ = const = Winkel zwischen Wölbungssehne der Tragdecke und Propellerachse.

φ = gemessener Winkel durch Pendel.

η = gemessener Winkel durch Windfahne.

α = Winkel zwischen Horizontale und Propellerachse.

β = Winkel zwischen Horizontalen und Windrichtung.

ρ = Ansteigwinkel des Flugzeugs.

i = Anstellwinkel der Tragdecke.

Entsprechend den zu erwartenden Geschwindigkeiten wurde der Leerlauf a der Druckscheibenfeder vor jedem Versuche eingestellt. Infolge der bei Vorversuchen festgestellten Ablenkungen des Luftftromes durch die Tragflächen wurde es notwendig, der Instrumentenachse eine bestimmte Abwärtsneigung zur Propellerachse zu geben, so daß im normalen Fluge die Druckscheibe senkrecht von der Luft getroffen wurde. Es wurde als Vergleichsachse zum Flugzeug die Achse des Propellers und des Motors gewählt. Dies erwies sich als zweckmäßig, da diese Achse schneller und zuverlässiger festzustellen ist als die Wölbungssehne der Tragdecke. Diese Sehne ist zur Propellerachse um den Winkel χ aufgekippt, der teils durch Messung, teils aus Konstruktionszeichnungen ermittelt wurde. Man kann daher aus den für die Propellerachse angegebenen Werten leicht die für die Wölbungssehne gültigen Werte erhalten.

Die ursprünglichen Werte des Pendels φ' wurden durch den Beschleunigungswinkel ν auf φ korrigiert. Und zwar nach der Beziehung:

$$\varphi = \varphi' - \nu.$$

Es werden dabei die Winkel φ positiv gerechnet, wenn das Pendel eine Aufwärtsneigung angibt, der Korrektionswinkel ν wird bei Beschleunigung positiv, bei Verzögerung negativ gewertet. Eine Beschleunigung zeigt eine scheinbare Aufkippung an. Infolgedessen vergrößert er die Angaben φ' des Pendels. Um die tatsächliche Aufwärtsneigung zu finden, ist daher ν stets von φ' abzuziehen.

Mit der Windfahne wird der Winkel η bestimmt. Die Ausschläge werden positiv gerechnet, wenn der Wind die Windfahne im Vergleich zu ihrer Mittellage von oben her trifft.

Die Angaben von Pendel und Windfahne, dargestellt durch die Winkel φ und η, wurden mit der Vergleichsachse in Verbindung gebracht.

Der Winkel α wird gebildet von der Propellerachse und der Horizontalen. Er ist gegeben durch die Beziehung

$$\alpha = \varphi + \psi.$$

Der Winkel β gebe den Winkel zwischen Windrichtung und Horizontalen an. Er errechnet sich aus der algebraischen Summe von φ und η. Also

$$\beta = \varphi + \eta.$$

Aus diesen beiden Winkeln wird die Größe

$$(\alpha - \beta) = (\varphi + \psi) - (\varphi + \eta) = \psi - \eta$$

gefunden, die den Winkel zwischen Propellerachse und Windrichtung einschließt.

Aus den verschiedenen Versuchskurven wurden die Größen von v (m/sec), p (m/sec^2) und die Winkel α, β und $(\alpha - \beta)$ mit Hilfe von ν, φ' und η in Mittelwerten aus 15 sec errechnet. Ihre Größen sind in Tabellen wiedergegeben. Es wurde Rechenschiebergenauigkeit dabei zugrunde gelegt, obwohl diese für die absoluten Ergebnisse der Versuche zu weitgehend war. Sie war jedoch erforderlich, um Vergleiche innerhalb eines Versuches selbst zu ermöglichen.

Diese so errechneten Werte sind zunächst in Funktion der Versuchszeit in Schaubildern aufgetragen. Man findet durchweg für alle Versuchsergebnisse das wiederkehrende Bild sehr starker Unregelmäßigkeiten der wiedergegebenen Kurven[1].

Dieses hat seine Erklärung in der Unmöglichkeit, eine bestimmte Höhenlage im Fluge ohne besondere Hilfsinstrumente einzuhalten. Die Flugzeuge steigen und fallen und verändern damit dauernd Geschwindigkeit und Flugwinkel. Man kann aus dem Vergleich von v und α diesen Zusammenhang erkennen. Man sieht, daß bei den Kurven von v und α Spitze gegen Spitze und Wölbung gegen Wölbung liegt, ein Ergebnis, das diese Erklärung fordert[2].

---

[1] Die in Tabellen und Schaubildern wiedergegebenen Versuchsergebnisse sind gegen Ende dieses Abschnittes zusammengestellt.

[2] Es ist dabei zu beachten, daß die Darstellung in den Schaubildern von derjenigen in den Originalkurven abweicht; während dort wachsende Geschwindigkeit die Kurve sinken ließ, wird sie hier durch ein Ansteigen gekennzeichnet.

Die $(\alpha - \beta)$-Kurve folgt in großen Zügen den Schwankungen der α-Kurve, wie es bei ruhiger Luft auch sein muß, da in diesem Falle Pendel und Windfahne in ihren Angaben qualitativ übereinstimmen. Der bei vielen Versuchen herrschende Wind beeinflußte aber die $(\alpha - \beta)$-Kurve. Wie schon bei der Beurteilung der Originalkurven Nr. II und III gesagt wurde, tritt ein umgekehrtes Verhalten ein, wenn Böen das Flugzeug von oben oder unten treffen. Dort, wo also die $(\alpha - \beta)$-Kurve der v-Kurve gleichartig folgt, ist der Einfluß einer Bö zu vermuten. Sehr deutlich treten diese Verhältnisse nicht auf, da die Bewegungen des Flugzeugs zu unregelmäßig sind, und ihre Ursachen ineinander übergehen.

Um zu sehen, ob den ständigen Bewegungen auf- und abwärts irgendeine Regelmäßigkeit zugrunde liege, wurde für zwei Flugzeuge der Verlauf des Fluges von Sekunde zu Sekunde auf einen Zeitraum von etwas über 2 Minuten festgelegt. Es wurde dabei so vorgegangen, daß der Mittelwert eines Kurvenstückes von 20 mm, das ist 1 sec, bestimmt und nach Umrechnung in ein Schaubild (Abb. 26 und 30) eingetragen wurde. Es lag bei dieser Darstellung die Schwierigkeit vor, den Winkel α genau angeben zu können, da auf so kurze Strecken das Pendel sehr starker Korrekturen infolge Geschwindigkeitsänderungen bedarf, deren Größe doch nur mit Unsicherheit festgestellt werden konnte. Auch machte sich die Schwingungsdauer des Pendels bei diesen sekundlichen Messungen noch bemerkbar, so daß an manchen Stellen die Kurve in eine Zickzacklinie überging. Es sind jedoch dort, wo α eine Schwingung von mehreren Sekunden wiedergibt, nicht mehr die Eigenschwingungen des Pendels von Einfluß, sondern, wie denn auch vielfach durch die $(\alpha - \beta)$-Kurve bestätigt wird, zeigt sich dann ein Drehen des Flugzeuges um seine Querachse. Das jedem Flieger bekannte 3—6 Sekunden dauernde sanfte Drehen des Flugzeuges, hervorgerufen durch die Steuerbetätigung des Höhensteuers, kommt hier zum Vorschein. Es mag aber auch sein, daß in einzelnen Fällen die von Herrn Professor Dr. Runge[1]), Göttingen, errechneten Pendelschwingungen eines Flugzeuges sich geltend machen. Es stimmen diese in ihrer Größenanordnung mit den gefundenen Schwingungen einigermaßen überein. Da die Bewegungen des Höhensteuers nicht beobachtet worden sind, ist es nicht mehr möglich, zu sagen, wann das Höhensteuer stille gehalten worden ist, und wann also solche Pendelschwingungen des Flugzeugs in Erscheinung getreten sind.

Auf eine Regelmäßigkeit in der Auf- und Abwärtsbewegung des Flugzeuges kann auch durch diese auseinandergezogene Darstellung der Versuchskurven nicht geschlossen werden.

Die Doppel-Taube bedurfte geringerer Höhensteuerbetätigung als der 50-PS-Gnom-Spezialtyp. Dies zeigt sich auch in der größeren Ruhe der Kurven bei den Versuchen mit diesem Flugzeug.

In den in Sekundeneinteilung gezeichneten Kurven wird ebenfalls das Gegeneinanderarbeiten von Geschwindigkeit und Anstellwinkeln wiedergegeben. Allerdings ist es erforderlich, daß man dann durch die Zacken der α-Kurve sich eine mittlere Kurve gelegt denkt.

---

[1]) Verhandlungen der Versammlung von Vertretern der Flugwissenschaft am 3. bis 5. November 1911 zu Göttingen, S. 25.

In allen Schaubildern ist noch der Winkel β dargestellt worden. Er ist im allgemeinen negativ, d. h. der Luftstrom wird an der Meßstelle als von unten kommend gemessen. Dieses findet seine Begründung in der Ablenkung des Luftstromes durch die Tragflächen.

Daß durch schräg gestellte Flächen der Luftstrom derart beeinflußt wird, daß er, bevor er die Fläche trifft, seine Richtung der Wölbung der Fläche schon angepaßt hat, ist an Modellen mehrfach durch Rauchversuche, auch von Professor Dr. Kutta theoretisch, nachgewiesen worden.

Außer in Funktion der Versuchszeit wurden die gewonnenen Winkelwerte noch in Funktion der zugehörigen Geschwindigkeit zur Darstellung gebracht. Es zeigt sich, daß der Winkel β für kleine Geschwindigkeiten bei einigen Flugzeugen positiv werden kann. Dies hat seinen Grund darin, daß, da ja bei den kleinen Geschwindigkeiten das Flugzeug steigt, ein Luftstrom von oben kommend sich bemerkbar machen muß. Dieser kann nun den durch die Tragflächen abgelenkten Strom von unten aufheben und überwiegen.

Man sieht, daß im Mittel die Ablenkung durch die Tragflächen an den Meßstellen für die einzelnen Flugzeuge etwa $- 1\frac{1}{2}^0$ bis $- 2\frac{1}{2}^0$ betragen hat. Es ist möglich, daß diese Winkel tatsächlich nicht so groß sind, da, wie früher gesagt, bei der Eichung der Windfahne ein Fehler von etwa $- \frac{2}{3}^0$, der nicht mit Sicherheit festgestellt werden konnte, auftrat. Müßte die Windfahne um diesen Wert korrigiert werden, dann wären die Ablenkungswinkel durch die Tragflächen nur etwa $- \frac{5}{6}^0$ bis $- 1\frac{5}{6}^0$.

Die Versuchsergebnisse des 50-PS-Gnom-Spezialtyp müssen besonders behandelt werden. Sein Motor ließ nämlich während der Versuche dauernd nach. Die Schrägstellung der Flächen war daher weniger durch eine Aufwärtssteuerung bedingt, sondern mehr noch durch das Nachlassen des Propellerzuges und der damit sinkenden Geschwindigkeit. Die Wiedergabe der Geschwindigkeit und der Anstellwinkel in Funktion der Versuchszeit läßt das stete Sinken der Geschwindigkeit erkennen. Der Winkel β in Funktion der Geschwindigkeit bleibt im Gegensatz zu den bei anderen Flugzeugen gewonnenen β-Kurven beinahe konstant. Er zeigt bei sinkender Geschwindigkeit nur ein schwaches Ansteigen. Es wird damit die Tatsache der Leistungsverminderung des Motors und der damit geschaffenen besonderen Verhältnisse bestätigt.

Mit dem vorhandenen Versuchsmaterial wurde versucht, die für jede Tragfläche charakteristischen Auftriebs- und Widerstandskoeffizienten ζ_A und ζ_W festzustellen[1]).

Zu diesem Zwecke wurde folgendermaßen vorgegangen.

Die Werte α, β und $(\alpha - \beta)$ wurden in Funktion der Geschwindigkeit aufgetragen. Bei einigen Flugzeugen ergab sich eine starke Streuung der Werte. Wo es mit einiger Sicherheit möglich war, eine Kurve durch diese Einzelwerte zu legen, geschah dies. Mit diesen so gewonnenen Kurven wurde nun weiter gearbeitet.

---

[1]) Die dimensionslose Einführung der Erfahrungskoeffizienten der Luftkräfte wurde von Prof. Dr. Prandtl in der Zeitschrift für Flugtechnik und Motorluftschiffahrt 1910 vorgeschlagen und hat seitdem in dieser Form große Verbreitung gefunden.

Es gelten bei Flügen mit der Steigung ρ bergan folgende Beziehungen: Es ist der notwendige Auftrieb

$$A = G \cdot \cos \rho$$

bzw.

$$A = \zeta_A \frac{\gamma}{g} \cdot v^2 \cdot F.$$

Hieraus

$$\zeta_A = \frac{\gamma \cdot G}{g \cdot F \cdot v^2} \cdot \cos \rho.$$

Da die Ansteigewinkel stets gering waren, kann ohne Fehler gesetzt werden

$$\cos \rho = 1.$$

Unter Zuhilfenahme der mit von dem Technischen Bureau der Albatros-Werke für die Flugzeuge angegebenen Gewichte und schätzungsweiser Berücksichtigung des mitgeführten Betriebsstoffes und Personengewichtes wurde das Flugzeuggewicht festgestellt. Infolge der Umständlichkeit einer Flugzeugwägung und den immerhin beengten Versuchsbedingungen war es nicht gut möglich, die Gewichte der Flugzeuge genauer festzulegen. Sicher sind hierdurch Fehler von mehreren Kilogramm eingelaufen, die aber das tatsächliche Gewicht nicht weit überstiegen haben werden.

Für diese so gefundenen Gewichte wurden nun die Koeffizienten ζ_A bestimmt, welche den von dem Flugzeuge erreichten Geschwindigkeiten entsprechen mußten.

Der Anstellwinkel i der Fläche wurde durch folgende Überlegung gewonnen:

Durch den Winkel α ist für eine bestimmte Geschwindigkeit ein Maß für die Aufkippung der Fläche gegeben. Der Winkel β, welcher der gleichen Geschwindigkeit zugehört, gibt die Ablenkung des Luftstromes an, die hervorgerufen wird durch die Fläche selbst und die nicht immer wagerechte Fahrt des Flugzeugs. Nimmt man an, daß die Ablenkung durch die Tragflächen sich nicht wesentlich bei den verschiedenen Geschwindigkeiten und Anstellwinkeln ändert, so daß sie in allen Fällen der mittleren Ablenkung β_m gleichgesetzt werden kann, dann ist der Ansteigewinkel ρ gegeben durch

$$\rho = \beta - \beta_m.$$

Der Anstellwinkel i wird demnach

$$i = \alpha + \chi - \rho = \alpha + \chi - \beta + \beta_m = (\alpha - \beta) + (\chi + \beta_m).$$

Die auf diese Art gewonnenen Werte für i wurden mit den zugehörigen ζ_A in ein Schaubild eingetragen. Zum Vergleich wurden an Modellen gefundene Kurven von Föppl und Eiffel herangezogen.

Luftwiderstandskoeffizienten aus den Laboratorien von Göttingen[1]) und Eiffel[2]) zum Vergleich mit den am fliegenden Flugzeug gewonnenen Koeffizienten ζ_A und ζ_w.

Föppl. Gewölbte Platte: $20{,}25 \times 80$ cm; Pfeil $f = 0{,}33$ cm; Stärke $d = 0{,}4$ cm. $1/61{,}3$

| i | $= + 3{,}3$ | $+ 6{,}4$ | $+ 9{,}4$ |
| ζ_A | $= + 0{,}188$ | $+ 0{,}290$ | $+ 0{,}389$ |

---

[1]) Föppl, Windkräfte an ebenen und gewölbten Platten.

[2]) Eiffel, La résistance de l'air.

Föppl. Gewölbte Platte: 20,0 × 80,0 cm; f = 0,81 cm; d = 0,4 cm. 1/24,7
    i   = + 2,5   + 6,4   + 10,3
    ζ_A = + 0,203   + 0,345   + 0,471
    ζ_W = + 0,0180   + 0,0325   + 0,0622

Föppl. Gewölbte Platte: 20,0 × 80,0 cm; f = 1,00 cm; d = 0,4 cm. 1/20,0
    i   = + 1,5   + 3,6   + 5,6   + 8,6
    ζ_A = + 0,201   + 0,293   + 0,359   + 0,453

Föppl. Gewölbte Platte: 20,0 × 80,0 cm; f = 1,42 cm; d = 0,4 cm. 1/14,1
    i   = + 1,2   + 3,7   + 6,2   + 8,6
    ζ_A = + 0,223   + 0,340   + 0,463   + 0,538
    ζ_W = + 0,0314   + 0,0379   + 0,0478   + 0,0629

Eiffel. Flügel Nr. 11; Voisinflügel nachgebildet; 15,0 × 90,0 cm. 1/24,2
    i   = + 2,0   + 6,0   + 10,0
    K_y = + 0,0210   + 0,0408   + 0,0545
    ζ_A = + 0,1680   + 0,3264   + 0,4360

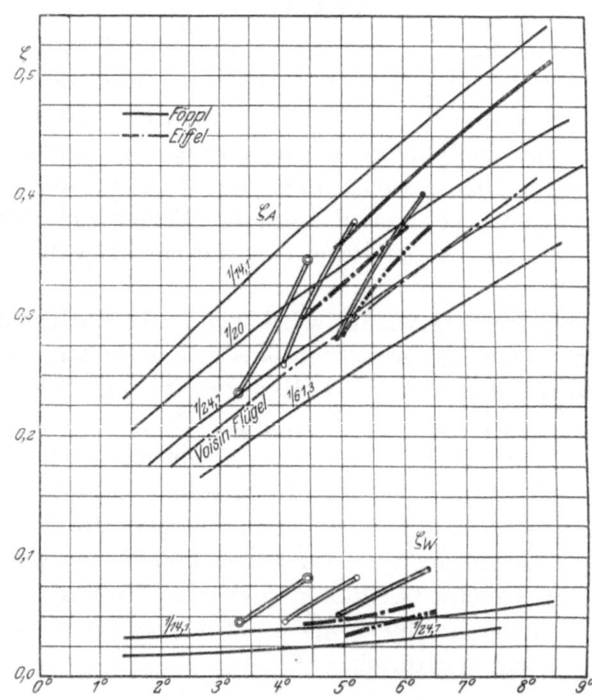

Abb. 23. Auftriebs- und Widerstands-Koeffizienten.

——— Lfde. Nr. 11, 14, 3., 6. Mai 1912.
      50-PS-Gnom-Spezialtyp.

—·—·— Lfde. Nr. 9, 21. März 1912.
      50-PS-Mercedes.

—··—··— Lfde. Nr. 20, 21. Mai 1912.
      50-PS-Gnom.

Lfde. Nr. 23, 5. Juni 1912.

Lfde. Nr. 24, 25, 5. Juni 1912.

Lfde. Nr. 26, 28, 6. Juni 1912

100-PS-Argus-Doppeltaube.

Man sieht, daß sich die ζ_A-Werte gut den Laboratoriumskurven einfügen. Nach den Angaben von Eiffel[1]) sind bei Vergleichen zwischen Ergebnissen an Flugzeugmodellen und ausgeführten Flugzeugen die Modellversuchswerte um 10 % zu vergrößern, um den Verhältnissen in großem Maßstab und bei großen Ge-

---

[1]) La résistance de l'air.

schwindigkeiten zu entsprechen. Bei Doppeldeckern, deren Tragdecke um ihre Flächentiefe entfernt sind, sind von dem Flächeninhalte der Tragdecke etwa 23 % in Abzug zu bringen. Das würde eine Verringerung des Koeffizienten um 13 % bedeuten.

Nun tragen bei den untersuchten Doppeldeckern die Haupttragdecke nicht allein. Die Schwanzzelle trägt bei den nach dem Farmantyp gebauten Flugzeugen mit. Ihre Flächen sind etwa um die Hälfte des Anstellwinkels der Haupttragdecke geneigt, und ihr Flächeninhalt beträgt 20 % desjenigen der Haupttragflächen. Man kann danach annehmen, daß etwa 8 % des Gewichtes von der Schwanzzelle getragen werden.

Es bliebe demnach eine Korrektur von vielleicht — 5 % übrig, mit welcher man nach Eiffel von den auf dem Flugzeug gewonnenen Koeffizienten auf die mit einzelnen Modellflächen im Laboratorium gemessenen Koeffizienten kommen müßte.

Bei dem 50-PS-Gnom-Spezialtyp und der Doppel-Taube tragen die Schwanzflächen, und bei letzterer auch etwas der Rumpf mit. Da bei diesen beiden Typen die Unterstützung der Tragfähigkeit durch den Schwanz weniger gut abgeschätzt werden konnte, so wurden die Koeffizienten ζ_A, gültig für das Flugzeug im ganzen, in allen Fällen nur auf den Flächeninhalt der Haupttragdecke bezogen.

Die ζ_W-Werte wurden ebenfalls bestimmt, und zwar, da sich der Widerstand der Tragflächen von dem gesamten Widerstand nicht trennen ließ, für diesen gesamten Widerstand des Flugzeuges, bestehend aus Tragflächen und schädlichem Widerstand. Nimmt man an, daß die Leistung des Motors im Fluge sich nicht wesentlich ändert, so kann aus der Beziehung

$$\eta \cdot L = \frac{\gamma}{g} \cdot \zeta_W \cdot F \cdot v^3$$

ζ_W für die Leistung L bestimmt werden, wobei η den Wirkungsgrad des Propellers bedeutet. Die Schwierigkeit, ohne besondere Messung die Motorleistung anzugeben, liegt zutage. Bei der Doppeltaube wurde ein 100-PS-Argus verwandt, der erst kurz in Betrieb war, der also wohl seine Nennleistung am ehesten erreicht haben wird; bei den anderen Motoren wurde die Leistung geschätzt nach dem Alter und Betriebszustand des Motors. Beim 50-PS-Gnom-Spezialtyp konnte keine Leistung angesetzt werden, da diese ständig nachgelassen hatte.

Die ζ_A- und ζ_W-Kurven der 100-PS-Argus-Doppeltaube, die von drei Versuchsreihengruppen gewonnen wurden, zeigen untereinander geringe Übereinstimmung. Sie verlaufen ja in gleichem Sinne, erscheinen aber parallel nebeneinander gesetzt. Dies deutet auf einen Einstellungsfehler der Windfahne hin. Tatsächlich zeigte sich auch, als nach seinem Ausbau aus dem Flugzeug der Apparat nachgesehen wurde, daß die Befestigung des Windfahnenträgers sich gelockert hatte. Die damit verknüpfte Verschiebung des Drehpunktes der Windfahne erklärt die Versetzung der einzelnen Kurven gegeneinander.

Aus den Versuchsbildern ergibt sich, daß die seitlich gehobenen Tragflächen sowie mit Schwanzsteuer allein versehenen Flugzeuge geringere Streuung der Meßwerte hatten. Es ist dies wohl ein Beweis für die ruhige Lage dieser Flugzeuge in der Luft, die ja auch von den Flugzeugführern selbst gerühmt wurde.

(Fortsetzung des Textes auf Seite 55.)

  Versuchsergebnisse.

Tabelle 1.

50-PS-Mercedes. Lfde. Nr. 9. 21. März 1912. $\psi = 1,67^0$, $\chi = 2,70^0$.

Weg des Papierbandes mm	Endgeschw. eines Abschn. m/sec	p m/sec²	v m/sec	ν^0	φ'^0	φ^0	η^0	α^0	β^0	$\alpha^0 - \beta^0$	Reihenfolge
300	16,21	+ 0,093	16,78	+ 0,54	+ 2,61	+ 2,07	− 3,65	+ 3,74	− 1,58	+ 5,32	2
600	17,60	− 0,020	17,65	− 0,12	+ 2,19	+ 2,31	− 3,32	+ 3,98	− 1,01	+ 4,99	13
900	17,30	− 0,007	17,33	− 0,04	+ 2,05	+ 2,09	− 2,54	+ 3,76	− 0,45	+ 4,21	9
1200	17,20	− 0,014	17,05	− 0,08	+ 1,12	+ 1,20	− 3,06	+ 2,87	− 1,86	+ 4,73	5
1500	16,99	+ 0,026	17,19	+ 0,15	+ 0,96	+ 0,81	− 3,07	+ 2,48	− 2,26	+ 4,74	6
1800	17,30	+ 0,047	17,49	+ 0,27	+ 0,92	+ 0,65	− 3,13	+ 2,32	− 2,48	+ 4,80	11
2100	18,00	− 0,007	18,25	− 0,04	+ 0,33	+ 0,37	− 1,73	+ 2,04	− 1,36	+ 3,40	24
2400	17,90	− 0,007	17,99	− 0,04	− 0,23	− 0,19	− 2,92	+ 1,48	− 3,11	+ 4,59	22
2700	17,80	− 0,033	17,78	− 0,19	− 0,42	− 0,23	− 2,34	+ 1,44	− 2,57	+ 4,01	19
3000	17,30	+ 0,047	17,29	+ 0,27	− 0,04	− 0,31	− 2,65	+ 1,36	− 2,96	+ 4,32	8
3300	18,00	− 0,034	17,91	− 0,20	+ 0,17	+ 0,37	− 2,53	+ 2,04	− 2,16	+ 4,20	20
3600	17,49	+ 0,007	18,05	+ 0,04	+ 1,16	+ 1,12	− 0,40	+ 1,79	+ 0,72	+ 2,07	23
3900	17,60	− 0,055	17,23	− 0,32	+ 3,06	+ 3,38	− 1,22	+ 5,05	+ 2,16	+ 2,89	7
4200	16,78	+ 0,055	17,00	+ 0,32	+ 3,26	+ 2,94	− 3,07	+ 4,61	− 0,13	+ 4,74	3
4500	17,60	− 0,013	17,43	− 0,08	+ 0,07	+ 0,15	− 2,71	+ 1,82	− 2,56	+ 4,38	10
4800	17,40	− 0,013	17,75	− 0,08	+ 0,08	+ 0,16	− 2,36	+ 1,83	− 2,20	+ 4,03	16
5100	17,20	+ 0,067	17,92	+ 0,39	− 0,26	− 0,65	− 2,93	+ 1,02	− 3,58	+ 4,60	21
5400	18,20	+ 0,040	18,83	+ 0,23	− 0,75	− 0,98	− 2,78	+ 0,69	− 3,76	+ 4,45	28
5700	18,80	− 0,033	18,35	− 0,19	− 0,24	− 0,05	− 2,42	+ 1,62	− 2,47	+ 4,09	26
6000	18,30	− 0,013	17,77	− 0,08	− 0,35	− 0,27	− 2,43	+ 1,40	− 2,70	+ 4,10	18
6300	18,10	+ 0,020	18,60	+ 0,12	− 2,10	− 2,22	− 2,31	− 0,55	− 4,53	+ 3,98	27
6600	18,40	− 0,067	17,54	− 0,39	+ 0,34	+ 0,73	− 2,19	+ 2,40	− 1,46	+ 3,86	12
6900	17,40	+ 0,047	17,75	+ 0,27	+ 0,11	− 0,16	− 2,31	+ 1,51	− 2,47	+ 3,97	17
7200	18,10	− 0,040	17,70	− 0,23	+ 2,35	+ 2,58	− 1,07	+ 4,25	+ 1,51	+ 2,74	14
7500	17,50	− 0,086	17,00	− 0,50	+ 2,36	+ 2,86	− 2,33	+ 4,53	+ 0,53	+ 4,00	4
7800	16,21	+ 0,059	16,77	+ 0,35	+ 1,46	+ 1,11	− 2,24	+ 2,78	− 1,13	+ 3,92	1
8100	17,10	+ 0,060	17,73	+ 0,35	+ 0,24	− 0,11	− 2,48	+ 1,56	− 2,59	+ 4,15	15
8400	18,00	+ 0,007	18,34	+ 0,04	− 0,38	− 0,42	+ 1,92	+ 1,25	− 2,34	+ 3,59	25
	18,10										
Mittelwerte			17,66	—	—	—	—	+ 2,32	− 1,74	+ 4,10	

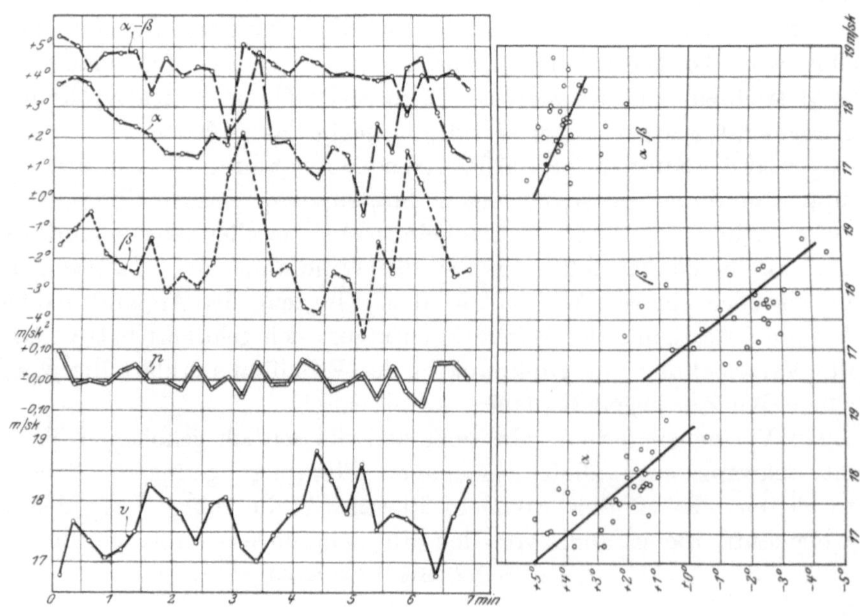

Abb. 24. 50-PS-Mercedes (lfde. Nr. 9, 21. März 1912).

Tabelle 2.

50-PS-Gnom-Spezialtyp.   Lfde. Nr. 11.   3. Mai 1912. $\psi = 2,50^0$, $\chi = 0,5^0$.

Weg des Papier-bandes mm	Endge-schw. eines Abschn. m/sec	p m/sec²	v m/sec	ν^0	φ'^0	φ^0	η^0	α^0	β^0	$\alpha^0 - \beta^0$	Reihenfolge
300	18,05	± 0,000	17,92	± 0,00	+ 1,95	+ 1,95	— 2,37	+ 4,45	— 0,42	+ 4,87	18
600	18,05	— 0,070	17,66	— 0,41	+ 1,64	+ 2,05	— 2,31	+ 4,55	— 0,26	+ 4,81	16
900	17,00	+ 0,023	17,81	+ 0,14	+ 1,36	+ 1,22	— 3,00	+ 3,72	— 1,78	+ 5,50	17
1200	17,35	— 0,013	17,32	— 0,08	+ 2,14	+ 2,22	— 3,01	+ 4,72	— 0,79	+ 5,51	15
1500	17,15	+ 0,013	17,31	+ 0,08	+ 1,77	+ 1,69	— 2,97	+ 4,19	— 1,28	+ 5,47	14
1800	17,35	— 0,037	16,97	— 0,21	+ 2,38	+ 2,59	— 3,42	+ 5,09	— 0,83	+ 5,92	12
2100	16,80	+ 0,030	16,91	+ 0,18	+ 2,66	+ 2,48	— 3,56	+ 4,98	— 1,08	+ 6,06	9
2400	17,25	— 0,043	17,04	— 0,25	+ 2,02	+ 2,27	— 2,99	+ 4,77	— 0,72	+ 5,49	13
2700	16,60	+ 0,013	16,94	+ 0,08	+ 2,19	+ 2,11	— 3,28	+ 4,61	— 1,17	+ 5,78	10
3000	16,80	— 0,057	16,57	— 0,33	+ 3,66	+ 3,99	— 3,81	+ 6,49	+ 0,18	+ 6,31	8
3300	15,95	+ 0,023	16,42	+ 0,14	+ 3,54	+ 3,40	— 3,75	+ 5,90	— 0,35	+ 6,25	6
3600	16,30	+ 0,087	16,52	+ 0,04	+ 2.72	+ 2.68	— 4,03	+ 5,18	— 1,35	+ 6,53	7
3900	16,40	+ 0,027	16,94	+ 0,16	+ 2,47	+ 2,31	— 3,48	+ 4,81	— 1,17	+ 5,98	11
4200	16,80	— 0,073	16,02	— 0,43	+ 4,52	+ 4,95	— 4,42	+ 7,45	+ 0,53	+ 6,92	3
4500	15,70	+ 0,060	16,04	+ 0,35	+ 4,36	+ 4,01	— 4,54	+ 6,51	— 0,53	+ 7,04	4
4800	16,60	— 0,090	15,69	— 0,53	+ 4,77	+ 5,30	— 4,84	+ 7,80	+ 0,46	+ 7,34	1
5100	15,25	+ 0,060	16,13	+ 0,35	+ 3,89	+ 3,54	— 4,35	+ 6,04	— 0,81	+ 6,85	5
5400	16,15 16,90	+ 0,050	15,99	+ 0,29	+ 4,12	+ 3,83	— 4,34	+ 6,33	— 0,51	+ 6,84	2
Mittelwerte			16,79	—	—	—	—	+ 5,42	— 0,66	—	

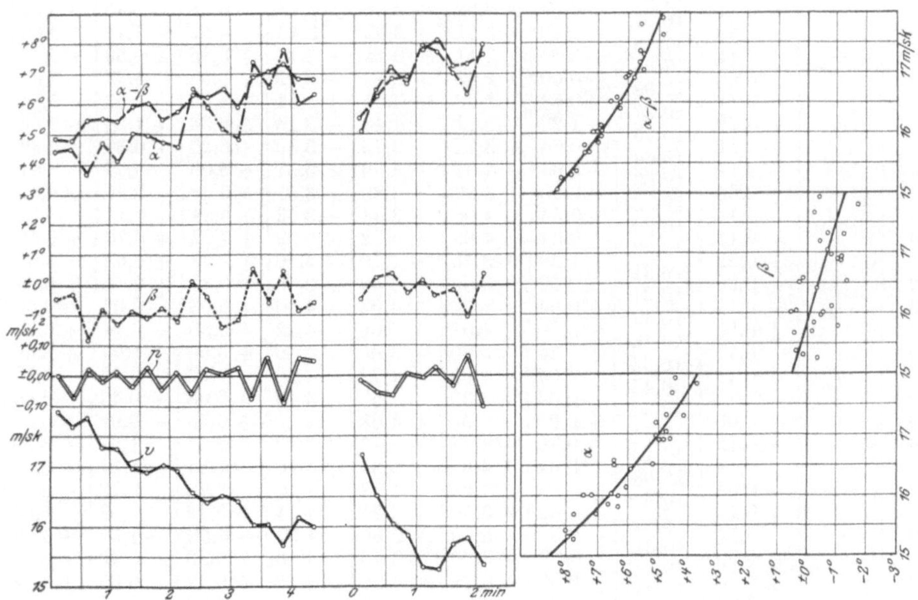

Abb. 25.   50-PS-Gnom-Spezialtyp (lfde. Nr. 11 und 14, 3. und 6. Mai 1912).

42 Versuchsergebnisse.

Tabelle 3.

50-PS-Gnom-Spezialtyp. Lfde. Nr. 14. 6. Mai 1912. $\psi = 2{,}50^0$, $\chi = 0{,}5^0$.

Weg des Papierbandes (mm)	Endgeschw. eines Abschn. (m/sec)	p (m/sec²)	v (m/sec)	ν^0	φ'^0	φ^0	η^0	α^0	β^0	$\alpha^0-\beta^0$	Reihenfolge
300	17,30	± 0,015	17,19	—	—	—	—	+ 5,10	— 0,44	+ 5,54	9
600	17,08	— 0,052	16,51	—	—	—	—	+ 6,47	+ 0,24	+ 6,23	8
900	16,31	— 0,063	16,03	—	—	—	—	+ 7,20	+ 0,39	+ 6,81	7
1200	15,37	+ 0,008	15,85	—	—	—	—	+ 6,68	— 0,26	+ 6,94	6
1500	15,49	— 0,008	15,33	—	—	—	—	+ 7,95	+ 0,14	+ 7,81	2
1800	15,37	+ 0,024	15,27	—	—	—	—	+ 7,78	— 0,36	+ 8,14	1
2100	15,73	— 0,032	15,70	—	—	—	—	+ 7,06	— 0,17	+ 7,23	4
2400	15,25	+ 0,063	15,80	—	—	—	—	+ 6,33	— 1,05	+ 7,38	5
2680	16,19 14.75	— 0,103	15,38	—	—	—	—	+ 8,00	+ 0,35	+ 7,65	3
			15,90	—	—	—	—	+ 6,95	— 0,13	+ 7,08	
10		—	17,30	—	—	—	—	—	—	—	—
30	—	— 0,66	16,64	— 3,86	+ 1,75	+ 1,11	— 3,04	+ 3,61	— 1,93	+ 5,54	—
50	—	+ 0,55	17,19	+ 3,22	+ 3,11	— 0,11	— 3,63	+ 2,39	— 3,74	+ 6,13	—
70	—	— 0,11	17,08	— 0,64	+ 4,08	+ 4,72	— 3,27	+ 7,22	+ 1,45	+ 5,77	—
90	—	± 0,00	17,08	± 0,00	+ 4,47	+ 4,47	— 3,04	+ 6,97	+ 1,43	+ 5,54	—
110	—	— 0,11	16,97	— 0,64	+ 2,92	+ 3,56	— 3,16	+ 6,06	+ 0,40	+ 5,66	—
130	—	+ 0,43	17,41	+ 2,52	+ 1,75	— 0,77	— 3,27	+ 1,73	— 4,04	+ 5,77	—
150	—	+ 0,31	17,72	+ 1,81	+ 2,14	+ 0,83	— 3,04	+ 3,33	— 2,21	+ 5,54	—
170	—	± 0,00	17,72	± 0,00	+ 2,33	+ 2,33	— 2,68	+ 4,83	— 0,35	+ 5,18	—
190	—	— 0,31	17,41	— 1,81	+ 2,14	+ 3,95	— 2,44	+ 6,45	+ 1,51	+ 4,94	—
210	—	— 0,22	17,19	— 1,29	+ 2,33	+ 3,62	— 2,56	+ 6,12	+ 1,06	+ 5,06	+
230	—	— 0,11	17,08	— 0,64	+ 2,72	+ 3,36	— 3,04	+ 5,86	+ 0,32	+ 5,54	—
250	—	— 0,11	16,97	— 0,64	+ 2,92	+ 3,56	— 3,16	+ 6,06	+ 0,40	+ 5,66	—
270	—	+ 0,22	17,19	+ 1,29	+ 3,31	+ 2,02	— 3,16	+ 4,52	— 1,14	+ 5,66	—
290	—	— 0,11	17,08	— 0,64	+ 3,11	+ 3,75	— 3,16	+ 6,25	+ 0,59	+ 5,66	—
310	—	± 0,00	17,08	± 0,00	+ 2,53	+ 2,53	— 2,92	+ 5,03	— 0,39	+ 5,42	—
330	—	— 0,11	16,97	— 0,64	+ 2,92	+ 3,56	— 3,04	+ 6,06	+ 0,52	+ 5,54	—
350	—	— 0,22	16,75	— 1,29	+ 3,11	+ 4,40	— 3,16	+ 6,90	+ 1,24	+ 5,66	—
370	—	— 0,11	16,64	— 0,64	+ 3,11	+ 3,75	— 3,39	+ 6,25	+ 0,36	+ 5,89	—
390	—	— 0,11	1g,53	— 0,64	+ 2,92	+ 3,56	— 3,51	+ 6,06	+ 0,05	+ 6,01	—
410	—	± 0,00	16,53	± 0,00	+ 3,89	+ 3,89	— 3,51	+ 6,39	+ 0,38	+ 6,01	—
430	—	+ 0,11	16,64	+ 0,64	+ 4,08	+ 3,44	— 3,63	+ 5,94	— 0,19	+ 6,13	—
450	—	— 0,11	16,53	— 0,64	+ 4,08	+ 4,72	— 3,99	+ 7,22	+ 0,73	+ 6,49	—
470	—	— 0,22	16,31	— 1,29	+ 3,50	+ 4,79	— 4,10	+ 7,29	+ 0,69	+ 6,60	—
490	—	± 0,00	16,31	± 0,00	+ 3,89	+ 3,89	— 3,75	+ 6,39	+ 0,14	+ 6,25	—
510	—	+ 0,11	16,42	+ 0,64	+ 4,67	+ 4,03	— 4,10	+ 6,53	— 0,07	+ 6,60	—
530	—	± 0,00	16,42	± 0,00	+ 4,08	+ 4,08	— 4,22	+ 6,58	— 0,14	+ 6,72	—
550	—	+ 0,11	16,53	+ 0,64	+ 3,70	+ 3,06	— 4,10	+ 5,56	— 1,04	+ 6,60	—
570	—	— 0,11	16,42	— 0,64	+ 4,08	+ 4,72	— 4,22	+ 7,22	+ 0,50	+ 6,72	—
590	—	— 0,11	16,31	— 0,64	+ 3,89	+ 4,53	— 4,10	+ 6,03	+ 0,43	+ 6,60	—
610	—	± 0,00	16,31	± 0,00	+ 4,08	+ 4,08	— 4,10	+ 6,58	— 0,02	+ 6,60	—
630	—	— 0,12	16,19	— 0,70	— 4,47	+ 5,17	— 4,10	+ 7,67	+ 1,07	+ 6,60	—
650	—	— 0,11	16,08	— 0,64	+ 4,67	+ 5,31	— 4,10	+ 7,81	+ 1,21	+ 6,60	—
670	—	± 0,00	16,08	± 0,00	+ 4,28	+ 4,28	— 4,10	+ 6,78	+ 0,18	+ 6,60	—
690	—	+ 0,11	16,19	+ 0,64	+ 3,89	+ 3,25	— 4,34	+ 5,75	— 1,09	+ 6,84	—
710	—	+ 0,12	16,31	+ 0,70	+ 3,70	+ 3,00	— 4,57	+ 5,50	— 1,57	+ 7,07	—
730	—	± 0,00	16,31	± 0,00	+ 3,70	+ 3,70	— 4,10	+ 6,20	— 0,40	+ 6,60	—
750	—	± 0,00	16,31	± 0,00	+ 4,28	+ 4,28	— 4,22	+ 6,78	+ 0,06	+ 6,72	—
770	—	± 0,00	16,31	± 0,00	+ 3,89	+ 3,89	— 3,87	+ 6,39	+ 0,02	+ 6,37	—
790	—	— 0,12	16,19	— 0,70	+ 3,89	+ 4,59	— 4,10	+ 7,09	+ 1,49	+ 6,60	—
810	—	— 0,11	16,08	— 0,64	+ 4,47	+ 5,11	— 4,46	+ 7,61	+ 0,65	+ 6,96	—
830	—	± 0,00	16,08	± 0,00	+ 4,47	+ 4,47	— 4,46	+ 6,97	+ 0,01	+ 6,96	—
850	—	— 0,35	15,73	— 2,05	+ 4,67	+ 6,72	— 4,46	+ 9,22	+ 2,26	+ 6,96	—
870	—	— 0,12	15,61	— 0,70	+ 4,86	+ 5,56	— 4,69	+ 8,06	+ 0,87	+ 7,19	--

Zu Tabelle Nr. 3.
50-PS-Gnom-Spezialtyp. Lfde. Nr. 14. 6. Mai 1912. $\psi - 2,50^0$. $\chi = 0,5^0$.

Weg des Papierbandes	Endgeschw. eines Abschn.	p	v	ν^0	φ'^0	φ^0	η^0	α^0	β^0	$\alpha^0 - \beta^0$	Reihenfolge
mm	m/sec	m/sec²	m/sec								
890	—	± 0,00	15,61	± 0,00	+ 5,06	+ 5,06	— 4,69	+ 7,56	+ 0,37	+ 7,19	—
910	—	— 0,24	15,37	— 1,40	+ 4,86	+ 6,26	— 4,57	+ 8,76	+ 1,69	+ 7,07	—
930	—	+ 0,24	15,61	+ 1,40	+ 5,25	+ 3,85	— 4,46	+ 6,35	— 0,61	+ 6,96	—
950	—	+ 0,23	15,84	+ 1,34	+ 4,47	+ 3,13	— 4,81	+ 5,63	— 1,68	+ 7,31	—
970	—	± 0,00	15,84	± 0,00	+ 4,67	+ 4,67	— 4,93	+ 7,17	— 0,26	+ 7,43	—
1090	—	± 0,00	15,84	± 0,00	+ 4,28	+ 4,28	— 4,57	+ 6,78	— 0,29	+ 7,07	—
1010	—	+ 0,12	15,96	+ 0,70	+ 3,50	+ 2,80	— 4,46	+ 5,30	— 1,66	+ 6,96	—
1030	—	± 0,00	15,96	± 0,00	+ 4,28	+ 4,28	— 4,81	+ 6,78	— 0,53	+ 7,31	—
1050	—	+ 0,12	16,08	+ 0,70	+ 4,08	+ 3,38	— 4,57	+ 5,88	— 1,19	+ 7,07	—
1070	—	+ 0,11	16,19	+ 0,64	+ 4,08	+ 3,44	— 4,57	+ 5,94	— 1,13	+ 7,07	—
1090	—	± 0,00	16,19	± 0,00	+ 3,70	+ 3,70	— 4,10	+ 6,20	— 0,40	+ 6,60	—
1110	—	— 0,23	15,96	— 1,34	+ 3,89	+ 5,23	— 3,99	+ 7,73	+ 1,24	+ 6,49	—
1130	—	± 0,00	15,96	± 0,00	+ 3,70	+ 3,70	— 3,99	+ 6,20	— 0,29	+ 6,49	—
1150	—	— 0,23	15,73	— 1,34	+ 4,28	+ 5,62	— 4,22	+ 8,12	+ 1,40	+ 6,72	—
1170	—	— 0,24	15,49	— 1,40	+ 5,06	+ 6,46	— 4,57	+ 8,96	+ 1,89	+ 7,07	—
1190	—	± 0,00	15,49	± 0,00	+ 5,25	+ 5,25	— 4,93	+ 7,75	+ 0,32	+ 7,43	—
1210	—	+ 0,12	15,61	+ 0,70	+ 5,45	+ 4,75	— 5,51	+ 7,25	— 0,76	+ 8,01	—
1230	—	+ 0,35	15,96	+ 2,05	+ 6,61	+ 4,56	— 5,04	+ 7,06	— 0,48	+ 7,54	—
1250	—	— 0,23	15,73	— 1,34	+ 5,06	+ 6,40	— 4,69	+ 8,90	+ 1,71	+ 7,19	—
1270	—	— 0,12	15,61	— 0,70	+ 4,28	+ 4,98	— 5,28	+ 7,48	— 0,30	+ 7,78	—
1290	—	— 0,36	15,25	— 2,11	+ 4,86	+ 6,97	— 5,39	+ 9,47	+ 1,58	+ 7,89	—
1310	—	± 0,00	15,25	± 0,00	+ 5,64	+ 5,64	— 5,28	+ 8,14	+ 0,36	+ 7,78	—
1330	—	— 0,13	15,12	— 0,76	+ 5,84	+ 6,60	— 5,28	+ 9,10	+ 1,32	+ 7,78	—
1350	—	± 0,00	15,12	± 0,00	+ 6,03	+ 6,03	— 5,39	+ 8,53	+ 0,64	+ 7,89	—
1370	—	± 0,00	15,12	± 0,00	+ 5,84	+ 5,84	— 5,39	+ 8,34	+ 0,45	+ 7,89	—
1390	—	+ 0,13	15,25	+ 0,76	+ 4,86	+ 4,10	— 5,62	+ 6,60	— 1,52	+ 8,12	—
1410	—	— 0,13	15,12	— 0,76	+ 5,25	+ 6,01	— 5,39	+ 8,51	+ 0,62	+ 7,89	—
1430	—	— 0,12	15,00	— 0,70	+ 5,45	+ 6,15	— 5,39	+ 8,65	+ 0,76	+ 7,89	—
1450	—	+ 0,25	15,25	+ 1,46	+ 5,45	+ 3,99	— 5,04	+ 6,49	— 1,05	+ 7,54	—
1470	—	+ 0,12	15,37	+ 0,70	+ 4,47	+ 3,77	— 5,39	+ 6,27	— 1,62	+ 7,89	—
1490	—	± 0,00	15,37	± 0,00	+ 5,06	+ 5,06	— 5,28	+ 7,56	— 0,22	+ 7,78	—
1510	—	± 0,00	15,37	± 0,00	+ 5,64	+ 5,64	— 5,74	+ 8,14	— 0,10	+ 8,24	—
1530	—	— 0,12	15,25	— 0,70	+ 5,45	+ 6,15	— 5,62	+ 8,65	+ 0,53	+ 8,12	—
1550	—	— 0,25	15,00	— 1,46	+ 5,45	+ 6,91	— 5,28	+ 9,41	+ 1,63	+ 7,78	—
1570	—	± 0,00	15,00	± 0,00	+ 5,45	+ 5,45	— 5,39	+ 7,95	+ 0,06	+ 7,89	—
1590	—	± 0,00	15,00	± 0,00	+ 5,64	+ 5,64	— 5,39	+ 8,14	+ 0,25	+ 7,89	—
1610	—	± 0,00	15,00	± 0,00	+ 6,41	+ 6,41	— 5,39	+ 8,91	+ 1,02	+ 7,89	—
1630	—	— 0,25	14,75	— 1,46	+ 5,64	+ 7,10	— 5,39	+ 9,60	+ 1,71	+ 7,89	—
1650	—	± 0,00	14,75	± 0,00	+ 5,25	+ 5,25	— 5,62	+ 7,75	— 0,37	+ 8,12	—
1670	—	+ 0,25	15,00	+ 1,46	+ 5,64	+ 4,18	— 5,74	+ 6,68	— 1,56	+ 8,24	—
1690	—	+ 0,12	15,12	+ 0,70	+ 6,41	+ 5,71	— 5,51	+ 8,21	+ 0,20	+ 8,01	—
1710	—	+ 0,25	15,37	+ 1,46	+ 4,28	+ 2,82	— 5,39	+ 5,32	— 2,57	+ 7,89	—
1730	—	+ 0,24	15,61	+ 1,40	+ 3,89	+ 2,49	— 5,28	+ 4,99	— 2,76	+ 7,75	—
1750	—	+ 0,12	15,73	+ 0,70	+ 4,08	+ 3,38	— 5,28	+ 5,88	— 1,90	+ 7,78	—
1770	—	+ 0,11	15,84	+ 0,64	+ 4,86	+ 4,22	— 4,93	+ 6,72	— 0,71	+ 7,43	—
1790	—	— 0,11	15,73	— 0,64	+ 4,47	+ 5,11	— 4,81	+ 7,61	+ 0,30	+ 7,31	—
1810	—	+ 0,11	15,84	+ 0,64	+ 4,08	+ 3,44	— 4,69	+ 5,94	— 1,25	+ 7,19	—
1830	—	± 0,00	15,84	± 0,00	+ 3,70	+ 3,70	— 4,34	+ 6,20	— 0,64	+ 6,84	—
1850	—	— 0,11	15,73	— 0,64	+ 4,08	+ 4,72	— 4,34	+ 7,22	+ 0,38	+ 6,84	—
1870	—	± 0,00	15,73	± 0,00	+ 4,67	+ 4,67	— 4,81	+ 7,17	— 0,14	+ 7,31	—
1890	—	— 0,12	15,61	— 0,70	+ 4,67	+ 5,37	— 5,04	+ 7,87	+ 0,33	+ 7,54	—
1910	—	± 0,00	15,61	± 0,00	+ 4,28	+ 4,28	— 4,93	+ 6,78	— 0,65	+ 7,43	—
1930	—	+ 0,12	15,73	+ 0,70	+ 4,86	+ 4,16	— 4,81	+ 6,66	— 0,65	+ 7,31	—
1950	—	+ 0,11	15,84	+ 0,64	+ 3,89	+ 3,22	— 4,34	+ 5,72	— 1,12	+ 6,84	—
1970	—	± 0,00	15,84	± 0,00	+ 4,28	+ 4,28	— 4,46	+ 6,78	— 0,18	+ 6,96	—
1990	—	— 0,11	15,73	— 0,64	+ 3,89	+ 4,53	— 4,69	+ 7,03	— 0,16	+ 7,19	—
2010	—	+ 0,11	15,84	+ 0,64	+ 4,08	+ 3,44	— 4,93	+ 5,94	— 1,49	+ 7,43	—

50-PS-Gnom-Spezialtyp. Lfde. Nr. 14. 6. Mai 1912. $\psi = 2{,}50^0$, $\chi = 0{,}5^0$.

Weg des Papier-bandes	Endge-schw. eines Abschn.	p	v	ν^0	φ'^0	φ^0	η^0	a^0	β^0	$a^0-\beta^0$	Reihenfolge
mm	m/sec	m/sec²	m/sec								
2030	—	— 0,11	15,73	— 0,64	+ 4,28	+ 4,92	— 4,69	+ 7,42	+ 0,23	+ 7,19	—
2050	—	+ 0,11	15,84	+ 0,64	+ 4,47	+ 3,83	— 4,81	+ 6,33	— 0,98	+ 7,31	—
2070	—	— 0,11	15,73	— 0,64	+ 4,67	+ 5,31	— 4,93	+ 7,81	+ 0,38	+ 7,43	—
2090	—	— 0,24	15,49	— 1,40	+ 4,47	+ 5,87	— 4,93	+ 8,37	+ 0,94	+ 7,43	—
2110	—	— 0,24	15,25	— 1,40	+ 4,67	+ 6,07	— 4,93	+ 8,57	+ 1,14	+ 7,43	—
2130	—	+ 0,24	15,49	+ 1,40	+ 5,06	+ 3,66	— 5,16	+ 6,16	— 1,50	+ 7,66	—
2150	—	+ 0,12	15,61	+ 0,70	+ 4,86	+ 4,16	— 5,28	+ 6,66	— 1,14	+ 7,78	—
2170	—	± 0,00	15,61	± 0,00	+ 4,67	+ 4,67	— 5,28	+ 7,16	— 0,61	+ 7,78	—
2190	—	+ 0,12	15,73	+ 0,70	+ 3,89	+ 3,19	— 4,93	+ 5,69	— 1,74	+ 7,43	—
2210	—	+ 0,23	15,96	+ 1,34	+ 4,47	+ 3,13	— 4,93	+ 5,63	— 1,80	+ 7,43	—
2230	—	— 0,12	15,84	— 0,70	+ 4,08	+ 4,78	— 5,04	+ 7,28	— 0,26	+ 7,54	—
2250	—	— 0,23	15,61	— 1,34	+ 4,28	+ 5,62	— 5,16	+ 8,12	+ 0,48	+ 7,66	—
2270	—	— 0,12	15,49	— 0,70	+ 4,86	+ 5,56	— 5,16	+ 8,06	+ 0,40	+ 7,66	—
2290	—	+ 0,24	15,73	+ 1,40	+ 4,67	+ 3,27	— 5,28	+ 5,77	— 2,01	+ 7,78	—
2310	—	+ 0,11	15,84	+ 0,64	+ 4,28	+ 3,64	— 5,04	+ 6,14	— 1,40	+ 7,54	—
2330	—	± 0,00	15,84	± 0,00	+ 3,50	+ 3,50	— 4,57	+ 6,00	— 1,07	+ 7,07	—
2350	—	+ 0,12	15,96	+ 0,70	+ 3,50	+ 2,80	— 4,57	+ 5,30	— 1,77	+ 7,07	—
2370	—	+ 0,12	16,08	+ 0,70	+ 3,31	+ 2,61	— 4,34	+ 5,11	— 1,73	+ 7,84	—
2390	—	+ 0,11	16,19	+ 0,64	+ 2,92	+ 2,28	— 4,22	+ 4,78	— 1,94	+ 7,72	—
2410	—	— 0,11	16,08	— 0,64	+ 3,89	+ 4,53	— 4,22	+ 7,03	+ 0,31	+ 6,72	—
2430	—	± 0,00	16,08	± 0,00	+ 4,47	+ 4,47	— 4,57	+ 6,97	— 0,10	+ 7,07	—
2450	—	— 0,35	15,73	— 2,05	+ 4,08	+ 6,13	— 4,69	+ 8,63	+ 1,44	+ 7,19	—
2470	—	— 0,12	15,61	— 0,70	+ 4,28	+ 4,98	— 4,81	+ 7,48	+ 0,17	+ 7,31	—
2490	—	± 0,00	15,61	± 0,00	+ 5,06	+ 5,06	— 4,93	+ 7,56	+ 0,13	+ 7,43	—
2510	—	± 0,00	15,61	± 0,00	+ 4,86	+ 4,86	— 5,04	+ 7,36	— 0,18	+ 7,54	—
2530	—	— 0,12	15,49	— 0,70	+ 4,67	+ 5,37	— 5,28	+ 7,87	+ 0,09	+ 7,78	—
2550	—	± 0,00	15,49	± 0,00	+ 5,45	+ 5,45	— 5,16	+ 7,95	+ 0,29	+ 7,66	—
2570	—	— 0,12	15,37	— 0,70	+ 4,86	+ 5,56	— 5,39	+ 8,06	+ 0,17	+ 7,89	—
2590	—	± 0,00	15,37	± 0,00	+ 4,67	+ 4,47	— 5,39	+ 6,97	— 0,92	+ 7,89	—
2610	—	— 0,12	15,25	— 0,70	+ 4,86	+ 5,56	— 5,16	+ 8,06	+ 0,40	+ 7,66	—
2630	—	— 0,13	15,12	— 0,76	+ 5,64	+ 6,40	— 5,28	+ 8,90	+ 1,12	+ 7,78	—
2650	—	— 0,12	15,00	— 0,70	+ 5,45	+ 6,15	— 5,39	+ 8,65	+ 0,76	+ 7,89	—
2670	—	— 0,12	14,88	— 0,70	+ 5,45	+ 6,15	— 5,51	+ 8,65	+ 0,64	+ 8,01	—
2690	—	— 0,13	14,75	— 0,76	+ 5,64	+ 6,40	— 5,51	+ 8,90	+ 0,89	+ 8,01	—
2710											

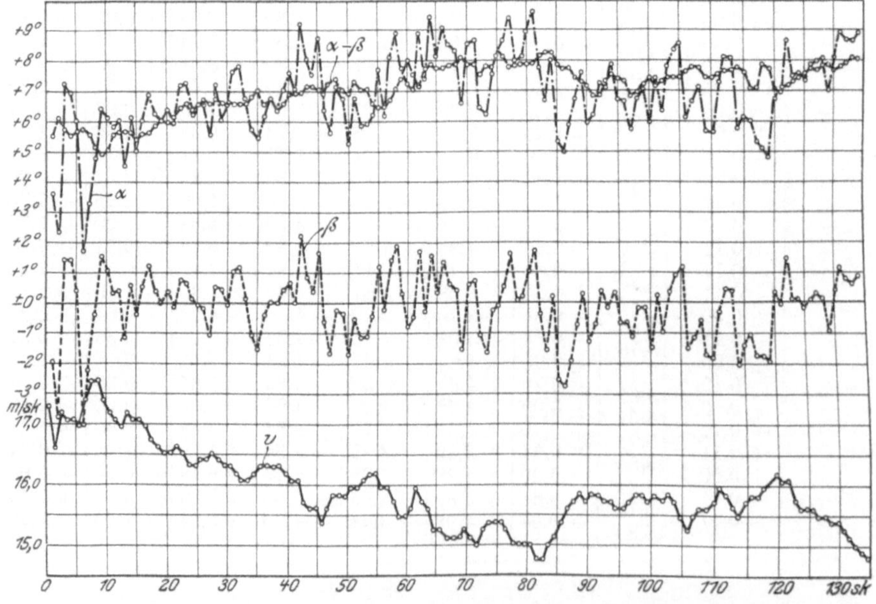

Abb. 26. 50-PS-Gnom-Spezialtyp (Lfde. Nr. 14, 6. Mai 1912).

Tabelle 4.

50-PS-Gnom. Lfde. Nr. 18 (mit Fluggast). 20. Mai 1912. $\psi = 2{,}0^0$, $\chi = 2{,}70^0$.

Weg des Papierbandes	Endgeschw. eines Abschn.	p	v	ν^0	φ'^0	φ^0	η^0	α^0	β^0	$\alpha^0 - \beta^0$	Reihenfolge
mm	m/sec	m/sec²	m/sec								
300	17,11	+ 0,036	17,67	+ 0,21	+ 1,74	+ 1,53	— 2,93	+ 3,53	— 1,40	+ 4,93	3
600	17,65	± 0,000	17,54	± 0,00	+ 1,50	+ 1,50	— 2,56	+ 3,50	— 1,06	+ 4,56	2
900	17,65	+ 0,020	17,84	+ 0,12	+ 1,42	+ 1,30	— 3,09	+ 3,30	— 1,79	+ 5,09	6
1200	17,95	+ 0,027	18,08	+ 0,16	+ 0,66	+ 0,50	— 3,78	+ 2,50	— 3,28	+ 5,78	8
1500	18,35	— 0,076	17,71	— 0,44	+ 1,33	+ 1,77	— 4,44	+ 3,77	— 2,67	+ 6,44	4
1800	17,21	+ 0,043	17,80	+ 0,25	+ 1,42	+ 1,17	— 3,81	+ 3,17	— 2,64	+ 5,81	5
2100	17,85	+ 0,020	17,98	+ 0,12	+ 1,08	+ 0,96	— 4,30	+ 2,96	— 3,34	+ 6,30	7
2400	18,15	— 0,077	18,42	— 0,45	— 0,01	+ 0,44	— 4,81	+ 2,44	— 4,37	+ 6,81	9
2700	17,00 17,00	± 0,000	17,45	± 0,00	+ 2,70	+ 2,70	— 5,14	+ 4,70	— 2,44	+ 7,14	1
Mittelwerte			17,83	—	—	—	—	+ 3,32	— 2,55	+ 5,87	

Tabelle 5.

50-PS-Gnom. Lfde. Nr. 20 (mit Fluggast). 21. Mai 1912. $\psi = 2{,}0^0$, $\chi = 2{,}70^0$.

Weg des Papierbandes	Endgeschw. eines Abschn.	p	v	ν^0	φ'^0	φ^0	η^0	α^0	β^0	$\alpha^0 - \beta^0$	Reihenfolge
mm	m/sec	m/sec²	m/sec								
300	17,00	+ 0,014	16,98	+ 0,08	+ 3,56	+ 3,48	— 5,28	+ 5,48	— 1,80	+ 7,28	2
600	17,21	± 0,000	17,17	± 0,00	+ 2,87	+ 2,87	— 4,96	+ 4,87	— 2,09	+ 6,96	4
900	17,21	+ 0,033	17,15	+ 0,19	+ 2,45	+ 2,26	— 4,00	+ 4,26	— 1,74	+ 6,00	3
1200	17,75	— 0,033	17,34	— 0,19	+ 1,73	+ 1,92	— 3,30	+ 3,92	— 1,38	+ 5,30	6
1500	17,21	+ 0,043	17,63	— 0,25	+ 1,16	+ 0,91	— 2,96	+ 2,91	— 2,05	+ 4,96	8
1800	17,85	+ 0,027	17,39	+ 0,16	+ 1,04	+ 0,88	— 2,84	+ 2,88	— 1,96	+ 4,84	7
2100	18,25	+ 0,047	18,33	+ 0,27	— 0,18	— 0,45	— 2,93	+ 1,55	— 3,38	+ 4,93	12
2400	18,95	— 0,040	18,88	— 0,23	— 2,11	— 1,88	— 3,16	+ 0,12	— 5,04	+ 5,16	15
2700	18,35	+ 0,027	17,78	+ 0,16	— 0,22	— 0,38	— 3,17	+ 1,62	— 3,55	+ 5,17	9
3000	18,75	— 0,081	18,30	— 0,47	+ 0,01	+ 0,48	— 3,27	+ 2,48	— 2,79	+ 5,27	11
3300	17,54	— 0,080	17,24	— 0,47	+ 3,66	+ 4,13	— 3,88	+ 6,13	+ 0,25	+ 5,88	5
3600	16,34	+ 0,121	16,40	+ 0,71	+ 2,08	+ 1,37	— 4,79	+ 3,37	— 3,42	+ 6,79	1
3900	18,15	+ 0,027	18,77	+ 0,16	— 0,82	— 0,98	— 4,02	+ 1,02	— 5,00	+ 6,02	14
4200	18,55	— 0,027	18,53	— 0,16	— 0,30	— 0,14	— 3,38	+ 1,86	— 3,52	+ 5,38	13
4500	18,15 18,05	— 0,007	17,90	— 0,04	+ 1,00	+ 1,04	— 4,00	+ 3,04	— 2,96	+ 6,00	10
Mittelwerte			17,72	—	—	—	—	+ 3,03	— 2,70	+ 5,73	

Tabelle 6.

50-PS-Gnom. Lfde. Nr. 17 und 21.   20. und 23. Mai 1912. $\psi = 2{,}0^0$, $\chi = 2{,}7^0$.

Weg des Papierbandes	Endgeschw. eines Abschn.	p	v	ν^0	φ'^0	φ^0	η^0	α^0	β^0	$\alpha^0 - \beta^0$	Reihenfolge
mm	m/sec	m/sec²	m/sec								
300	17,65	+ 0,027	17,43	+ 0,16	+ 1,48	+ 1,32	— 2,42	+ 3,32	— 1,10	+ 4,42	1
600	18,05	— 0,007	17,70	— 0,04	+ 0,68	+ 0,72	— 2,04	+ 2,72	— 1,32	+ 4,04	2
900	17,95 18,85	+ 0,060	17,81	+ 0,35	— 0,34	— 0,69	— 2,21	+ 1,31	— 2,90	+ 4,21	3
300	15,83	+ 0,088	16,55	+ 0,51	+ 2,36	+ 1,85	— 2,73	+ 3,85	— 0,88	+ 4,73	5
600	17,15	— 0,015	16,72	— 0,09	+ 0,47	+ 0,56	— 2,03	+ 2,56	— 1,47	+ 4,03	7
900	16,93	— 0,015	17,09	— 0,09	+ 0,76	+ 0,85	— 2,14	+ 2,85	— 1,29	+ 4,14	11
1200	16,71	— 0,029	16,66	— 0,17	+ 0,48	+ 0,65	— 2,33	+ 2,65	— 1,68	+ 4,33	6
1500	16,28	+ 0,058	16,92	+ 0,34	+ 0,80	+ 0,46	— 2,18	+ 2,46	— 1,72	+ 4,18	8
1800	17,15	+ 0,021	17,18	+ 0,12	+ 0,12	± 0,00	— 2,07	+ 2,00	— 2,07	+ 4,07	18
2100	17,47	+ 0,034	17,14	+ 0,20	— 0,64	— 0,84	— 2,15	+ 1,16	— 2,99	+ 4,15	15
2400	17,98	— 0,070	17,12	— 0,41	+ 0,86	+ 1,27	— 3,88	+ 3,27	— 2,61	+ 5,88	12
2700	16,93	— 0,01.	17,05	— 0,09	+ 0,95	+ 1,04	— 3,32	+ 3,04	— 2,28	+ 5,32	10
3000	16,71	— 0,007	16,52	— 0,43	+ 1,87	+ 2,30	— 3,98	+ 4,30	— 1,68	+ 5,98	4
3300	16,60	+ 0,015	16,50	+ 0,09	+ 1,88	+ 1,79	— 3,02	+ 3,79	— 1,23	+ 5,02	3
3600	16,82 16,93	+ 0,007	16,44	+ 0,43	+ 1,56	+ 1,13	— 2,73	+ 3,13	— 1,60	+ 4,73	1
Mittelwerte			17,21	—	—	—	—	+ 2,53	— 2,37	+ 4,90	

(aus lfde. Nr. 17, 21 und 22).

Tabelle 7.

50-PS-Gnom. Lfde. Nr. 22.   23. Mai 1912. $\psi = 2{,}0^0$, $\chi = 2{,}7^0$.

Weg des Papierbandes	Endgeschw. eines Abschn.	p	v	ν^0	φ'^0	φ^0	η^0	α^0	β^0	$\alpha^0 - \beta^0$	Reihenfolge
mm	m/sec	m/sec²	m/sec								
300	17,47	± 0,000	17,72	± 0,00	+ 0,28	+ 0,28	— 2,09	+ 2,28	— 1,81	+ 4,09	27
600	17,47	+ 0,073	17,73	+ 0,43	— 0,55	— 0,98	— 2,14	+ 1,02	— 3,12	+ 4,14	28
900	18,57	— 0,067	17,39	— 0,39	— 0,29	+ 0,10	— 4,46	+ 2,10	— 4,36	+ 6,46	23
1200	17,57	+ 0,021	17,36	+ 0,12	+ 0,07	— 0,05	— 2,26	+ 1,95	— 2,31	+ 4,26	22
1500	17,88	+ 0,013	17,90	+ 0,08	— 0,76	— 0,84	— 1,91	+ 1,16	— 2,75	+ 3,91	29
1800	18,08	— 0,143	17,14	— 0,84	— 0,34	+ 0,50	— 2,08	+ 2,50	— 1,58	+ 4,08	16
2100	16,93	+ 0,063	17,12	+ 0,37	+ 0,32	— 0,05	— 2,25	+ 1,95	— 2,30	+ 4,25	13
2400	17,88	— 0,035	17,64	— 0,20	— 0,54	— 0,34	— 2,65	+ 1,66	— 2,99	+ 4,65	26
2700	17,36	— 0,029	17,13	— 0,17	+ 0,63	+ 0,80	— 4,44	+ 2,80	— 3,64	+ 6,44	14
3000	16,93	+ 0,043	17,46	+ 0,25	+ 1,11	+ 0,86	— 4,41	+ 2,86	— 3,55	+ 6,41	24
3300	17,57	— 0,050	16,92	— 0,29	+ 1,95	+ 2,24	— 5,09	+ 4,24	— 2,85	+ 7,09	9
3600	16,82	— 0,029	17,58	— 0,17	+ 2,00	+ 2,17	— 4,01	+ 4,17	— 1,84	+ 6,01	25
3900	16,39	+ 0,085	17,17	+ 0,50	+ 0,62	+ 0,1.	— 3,36	+ 2,12	— 3,24	+ 5,36	17
4200	17,67	— 0,078	17,29	— 0,46	+ 0,18	+ 0,64	— 2,99	+ 2,64	— 2,35	+ 4,99	21
4500	16,50	+ 0,007	16,48	+ 0,04	+ 1,42	+ 1,38	— 4,07	+ 3,38	— 2,69	+ 6,07	2
4800	16,60	+ 0,051	17,26	+ 0,30	— 0,21	— 0,51	— 2,21	+ 1,49	— 2,72	+ 4,21	19
5100	17,36	+ 0,061	18,43	+ 0,36	— 1,97	— 2,33	— 3,17	— 0,33	— 5,50	+ 5,17	30
5400	18,28 16,60	— 0,112	17,28	— 0,66	+ 0,38	+ 1,04	— 2,91	+ 3,04	— 1,86	+ 4,91	20
Mittelwerte			17,21	—	—	—	—	+ 2,53	— 2,37	+ 4,90	

(aus lfde. Nr. 17, 21 und 22).

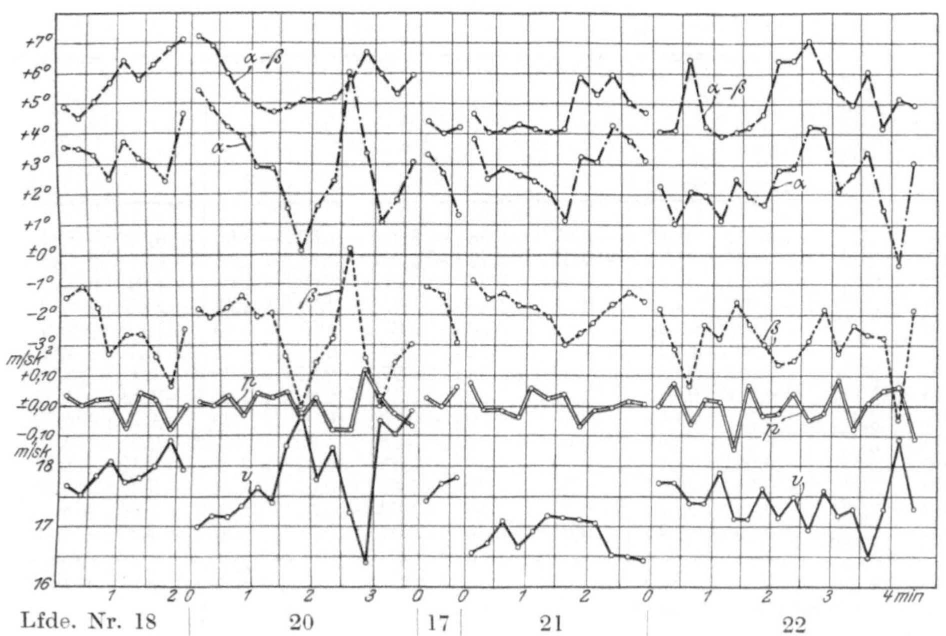

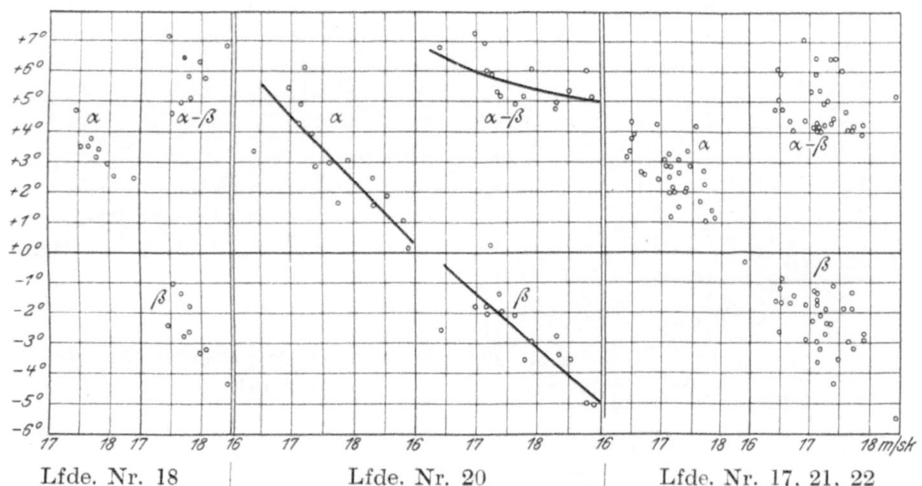

Abb. 27 und 28. 50-PS-Gnom (lfde. Nr. 18, 20, 17, 21, 22; 20., 21., 23. Mai 1912).

Tabelle 8.

100-PS-Argus-Doppeltaube. Lfde. Nr. 23 (mit Fluggast). 5. Juni 1912. $\psi = 4{,}0^0$, $\chi = 2{,}22^0$.

Weg des Papierbandes mm	Endgeschw. eines Abschn. m/sec	p m/sec²	v m/sec	ν^0	φ'^0	φ^0	η^0	α^0	β^0	$\alpha^0 - \beta^0$	Reihenfolge
300	21,51	— 0,012	21,18	— 0,07	+ 1,98	+ 2,05	— 1,86	+ 6,05	+ 0,19	+ 5,86	1
600	21,33	+ 0,057	21,38	+ 0,33	+ 1,79	+ 1,46	— 1,65	+ 5,46	— 0,19	+ 5,65	2
900	22,18	— 0,011	22,89	— 0,06	— 0,05	+ 0,01	— 1,02	+ 4,01	— 1,01	+ 5,02	5
1200	22,02	+ 0,077	23,71	+ 0,45	— 1,26	— 1,71	— 0,72	+ 2,29	— 2,43	+ 4,72	10
1500	23,17	— 0,027	22,36	— 0,16	— 0,53	— 0,37	— 1,07	+ 3,63	— 1,44	+ 5,07	3
1800	22,76	+ 0,005	23,21	+ 0,03	— 0,51	— 0,54	— 0,88	+ 3,46	— 1,42	+ 4,88	6
2100	22,84	+ 0,089	23,53	+ 0,52	— 0,75	— 1,27	— 0,77	+ 2,73	— 2,04	+ 4,77	9
2400	24,18	+ 0,036	24,70	+ 0,21	— 1,94	— 2,15	— 0,53	+˙1,85	— 2,68	+ 4,53	14
2700	24,72	— 0,125	24,04	— 0,74	— 1,30	— 0,56	— 0,63	+ 3,44	— 1,19	+ 4,63	11
3000	22,84	+ 0,011	22,62	+ 0,07	+ 0,22	+ 0,15	— 1,10	+ 4,15	— 0,95	+ 5,10	4
3300	23,01	+ 0,031	23,28	+ 0,18	— 0,39	— 0,57	— 0,92	+ 3,43	— 1,49	+ 4,92	7
3600	23,48	+ 0,057	24,07	+ 0,34	— 1,35	— 1,69	— 0,65	+ 2,31	— 2,34	+ 4,65	12
3900	24,34	— 0,047	24,20	— 0,27	— 1,53	— 1,26	— 0,58	+ 2,74	— 1,84	+ 4,58	13
4200	23,64	+ 0,005	23,44	+ 0,03	— 0,54	— 0,57	— 0,79	+ 3,43	— 1,36	+ 4,79	8
	23,72										
Mittelwerte		23,50	—	—	—	—		+ 3,12	— 1,68	+ 4,80	

(aus Papierbandstrecke 900—4200).

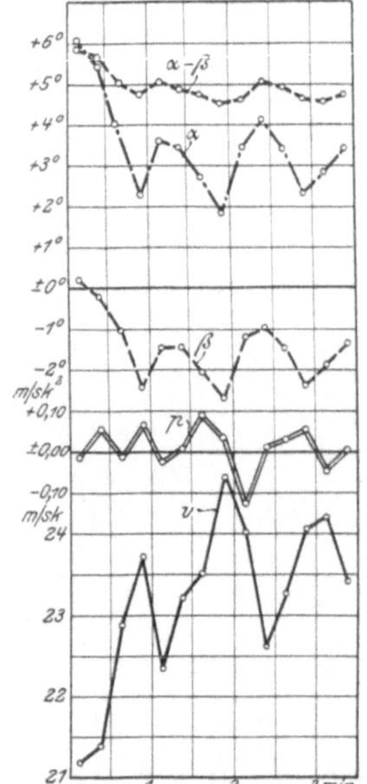

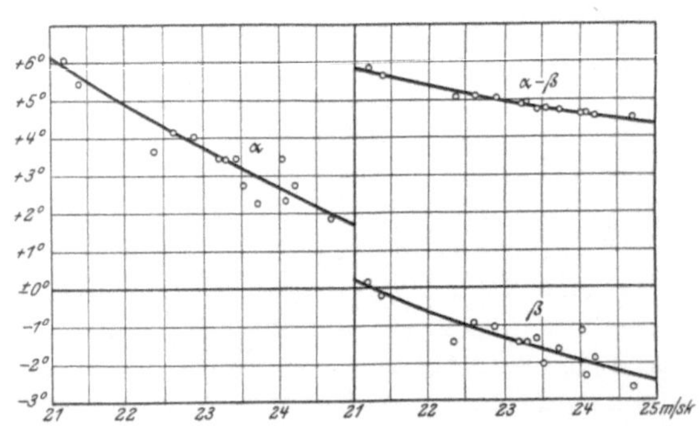

Abb. 29.   100-PS-Argus-Doppeltaube, lfde. Nr. 23, 5. Juni 1912.

Tabelle 9.
100-PS-Argus-Doppeltaube. Lfde. Nr. 24. 5. Juni 1912. $\psi = 4{,}0^0$, $\chi = 2{,}22^0$.

Weg des Papier-bandes mm	Ent-geschw. eines Abschn. m/sec	p m/sec²	v m/sec	ν^0	φ'^0	φ^0	η^0	α^0	β^0	$a^0-\beta^0$	Reihenfolge
300	20,89	+ 0,109	21,98	—	—	—	—	+ 3,96	— 0,55	+ 4,51	2
600	22,52	+ 0,121	23,25	—	—	—	—	+ 2,83	— 1,49	+ 4,32	4
900	24,34	+ 0,030	24,62	—	—	—	—	+ 1,61	— 2,21	+ 3,82	13
1200	24,79	— 0,010	25,07	—	—	—	—	+ 1,43	— 2,40	+ 3,83	22
1500	24,64	— 0,025	24,40	—	—	—	—	+ 2,35	— 1,66	+ 4,01	10
1800	24,26	+ 0,035	24,36	—	—	—	—	+ 1,91	— 1,91	+ 3,82	9
2100	24,79	— 0,020	24,74	—	—	—	—	+ 1,77	— 2,01	+ 3,78	15
2400	24,49	+ 0,007	24,45	—	—	—	—	+ 2,19	— 1,82	+ 4,01	11
2640	24,56	+ 0,063	24,86	—	—	—	—	+ 1,12	— 2,67	+ 3,79	19
	25,31										
30	—	+ 0,27	20,89	+ 1,59	+ 1,56	— 0,03	— 0,74	+ 3,97	— 0,77	+ 4,74	—
50	—	+ 0,08	21,16	+ 0,47	+ 1,56	+ 1,09	— 0,74	+ 5,09	+ 0,35	+ 4,74	—
70	—	+ 0,27	21,24	+ 1,59	+ 1,17	— 0,42	— 0,62	+ 3,58	— 1,04	+ 4,62	—
90	—	+ 0,17	21,51	+ 0,99	+ 1,37	+ 0,38	— 0,62	+ 4,38	— 0,24	+ 4,62	—
110	—	+ 0,08	21,68	+ 0,47	+ 1,17	+ 0,70	— 0,62	+ 4,70	+ 0,08	+ 4,62	—
130	—	+ 0,09	21,76	+ 0,53	+ 0,59	+ 0,06	— 0,49	+ 4,06	— 0,43	+ 4,49	—
150	—	± 0,00	21,85	± 0,00	+ 0,59	+ 0,59	— 0,37	+ 4,59	+ 0,22	+ 4,37	—
170	—	+ 0,17	21,85	+ 0,99	+ 0,39	— 0,60	— 0,49	+ 3,40	— 1,09	+ 4,49	—
190	—	+ 0,16	22,02	+ 0,94	+ 1,17	+ 0,23	— 0,37	+ 4,23	— 0,14	+ 4,37	—
210	—	— 0,08	22,18	— 0,47	— 0,20	+ 0,27	— 0,49	+ 4,27	— 0,22	+ 4,49	—
230	—	+ 0,08	22,10	+ 0,47	— 0,20	— 0,67	— 0,49	+ 3,33	— 1,16	+ 4,49	—
250	—	+ 0,34	22,18	+ 1,99	+ 1,17	— 0,72	— 0,37	+ 3,28	— 1,09	+ 4,37	—
270	—	+ 0,08	22,52	+ 0,47	± 0,00	— 0,47	— 0,37	+ 3,53	— 0,84	+ 4,37	—
290	—	± 0,00	22,60	± 0,00	— 0,39	— 0,39	— 0,49	+ 3,61	— 0,88	+ 4,49	—
310	—	— 0,08	22,60	— 0,47	+ 0,20	— 0,67	— 0,37	+ 3,33	— 1,04	+ 4,37	—
330	—	+ 0,08	22,52	+ 0,47	+ 0,39	— 0,08	— 0,49	+ 3,92	— 0,57	+ 4,49	—
350	—	± 0,00	22,60	± 0,00	+ 0,39	+ 0,39	— 0,37	+ 4,39	+ 0,02	+ 4,37	—
370	—	± 0,00	22,60	± 0,00	— 0,59	— 0,59	— 0,49	+ 3,41	— 1,08	+ 4,49	—
390	—	+ 0,32	22,60	+ 1,87	— 0,20	— 2,07	— 0,49	+ 1,93	— 2,56	+ 4,49	—
410	—	+ 0,17	22,92	+ 0,99	+ 0,59	— 0,40	— 0,37	+ 3,60	— 0,77	+ 4,37	—
430	—	— 0,08	23,09	— 0,47	— 0,39	+ 0,08	— 0,49	+ 4,08	— 0,41	+ 4,49	—
450	—	— 0,09	23,01	— 0,53	— 0,78	— 0,15	— 0,37	+ 3,85	— 0,52	+ 4,37	—
470	—	+ 0,17	22,92	+ 0,99	± 0,00	— 0,99	— 0,12	+ 3,01	— 1,12	+ 4,12	—
490	—	+ 0,16	23,09	+ 0,94	— 0,39	— 1,33	— 0,25	+ 2,67	— 1,58	+ 4,25	—
510	—	+ 0,08	23,25	+ 0,47	— 0,78	— 1,25	— 0,25	+ 2,75	— 1,50	+ 4,25	—
530	—	+ 0,07	23,33	+ 0,41	— 0,59	— 1,00	— 0,12	+ 3,00	— 1,12	+ 4,12	—
550	—	+ 0,16	23,40	+ 0,94	— 0,78	— 1,72	— 0,25	+ 2,28	— 1,97	+ 4,25	—
570	—	+ 0,08	23,56	+ 0,47	— 1,37	— 1,84	— 0,25	+ 2,16	— 2,09	+ 4,25	—
590	—	+ 0,24	23,64	+ 1,41	— 1,95	— 3,36	— 0,25	+ 0,64	— 3,61	+ 4,25	—
610	—	+ 0,46	23,88	+ 2,69	— 0,59	— 3,28	— 0,25	+ 0,72	— 3,53	+ 4,25	—
630	—	+ 0,07	24,34	+ 0,41	— 1,17	— 1,58	— 0,25	+ 2,42	— 1,83	+ 4,25	—
650	—	— 0,15	24,41	— 0,88	— 2,34	— 1,46	— 0,12	+ 2,54	— 1,58	+ 4,12	—
670	—	± 0,00	24,26	± 0,00	— 1,76	— 1,76	± 0,00	+ 2,24	— 1,76	+ 4,00	—
690	—	+ 0,38	24,26	+ 2,22	— 2,15	— 4,37	+ 0,12	— 0,37	— 4,25	+ 3,88	—
710	—	+ 0,23	24,64	+ 1,35	— 2,93	— 4,28	± 0,00	— 0,28	— 4,28	+ 4,00	—
730	—	— 0,31	24,87	— 1,81	— 1,95	— 0,14	+ 0,50	+ 3,86	+ 0,36	+ 3,50	—
750	—	— 0,07	24,56	— 0,41	— 2,34	— 1,93	+ 0,37	+ 2,07	— 1,56	+ 3,63	—
770	—	+ 0,07	24,49	+ 0,41	— 1,95	— 2,36	+ 0,12	+ 1,64	— 2,24	+ 3,88	—
790	—	+ 0,16	24,56	+ 0,94	— 2,15	— 3,09	+ 0,12	+ 0,91	— 2,97	+ 3,88	—
810	—	+ 0,07	24,72	+ 0,41	— 2,34	— 2,75	+ 0,25	+ 1,25	— 2,50	+ 3,75	—
830	—	± 0,00	24,79	± 0,00	— 2,73	— 2,73	+ 0,25	+ 1,27	— 2,48	+ 3,75	—
850	—	— 0,07	24,79	— 0,41	— 2,34	— 1,93	+ 0,37	+ 2,07	— 1,56	+ 3,63	—
870	—	± 0,00	24,72	± 0,00	— 2,34	— 2,34	+ 0,37	+ 1,66	— 1,97	+ 3,63	—
890	—	+ 0,07	24,72	+ 0,41	— 2,34	— 2,75	— 0,37	+ 1,25	— 2,38	+ 3,63	—
910	—	± 0,00	24,79	± 0,00	— 2,34	— 2,34	+ 0,25	+ 1,66	— 2,09	+ 3,75	—
930	—	± 0,00	24,79	± 0,00	— 2,34	— 2,34	+ 0,12	+ 1,66	— 2,22	+ 3,88	—
			24,79								

Zu Tabelle 9.

100-PS-Argus-Doppeltaube.   Lfde. Nr. 24.   5. Juni 1912. $\psi = 4{,}0^0$, $\chi = 2{,}22^0$.

Weg des Papierbandes	Endgeschw. eines Abschn.	p	v	ν^0	φ'^0	φ^0	η^0	α^0	β^0	$\alpha^0-\beta^0$	Reihenfolge
mm	m/sec	m/sec^2	m/sec								
950	—	+ 0,08	24,87	+ 0,47	— 2,15	— 2,62	+ 0,12	+ 1,38	— 2,50	+ 3,88	—
970	—	+ 0,07	24,94	+ 0,41	— 2,34	— 2,75	+ 0,25	+ 1,25	— 2,50	+ 3,75	—
990	—	+ 0,15	25,09	+ 0,88	— 3,12	— 4,00	+ 0,12	± 0,00	— 3,88	+ 3,88	—
1010	—	+ 0,22	25,31	+ 1,30	— 2,93	— 4,23	+ 0,12	— 0,23	— 4,11	+ 3,88	—
1030	—	+ 0,14	25,45	+ 0,82	— 2,34	— 3,16	+ 0,12	+ 0,84	— 3,04	+ 3,88	—
1050	—	— 0,07	25,38	— 0,41	— 3,71	— 3,30	+ 0,12	+ 0,70	— 3,18	+ 3,88	—
1070	—	± 0,00	25,38	± 0,00	— 3,32	— 3,32	+ 0,12	+ 0,68	— 3,20	+ 3,88	—
1090	—	— 0,14	25,24	— 0,82	— 2,93	— 2,11	+ 0,25	+ 1,89	— 1,86	+ 3,75	—
1110	—	± 0,00	25,24	± 0,00	— 2,73	— 2,73	+ 0,25	+ 1,27	— 2,48	+ 3,75	—
1130	—	— 0,15	25,09	— 0,88	— 1,95	— 1,07	+ 0,12	+ 2,93	— 0,95	+ 3,88	—
1150	—	— 0,15	24,94	— 0,88	— 2,73	— 1,85	+ 0,12	+ 2,15	— 1,73	+ 3,88	⋯
1170	—	— 0,07	24,87	— 0,41	— 2,54	— 2,13	+ 0,25	+ 1,87	— 1,88	+ 3,75	—
1190	—	— 0,08	24,79	— 0,47	— 2,15	— 1,68	+ 0,25	+ 2,32	— 1,43	+ 3,75	—
1210	—	— 0,15	24,64	— 0,88	— 2,15	— 1,27	+ 0,25	+ 2,73	— 1,02	+ 3,75	—
1230	—	— 0,08	24,56	— 0,47	— 1,76	— 1,29	+ 0,12	+ 2,71	— 1,17	+ 3,88	—
1250	—	± 0,00	24 56	± 0,00	— 1,76	— 1,76	+ 0,12	+ 2,24	— 1,64	+ 3,88	—
1270	—	± 0,00	24,56	± 0,00	— 1,56	— 1,56	± 0,00	+ 2,44	— 1,56	+ 4,00	—
1290	—	— 0,15	24,41	— 0,88	— 1,56	— 0,68	± 0,00	+ 3,32	— 0,68	+ 4,00	—
1310	—	— 0,07	24,34	— 0,41	— 1,76	— 1,35	± 0,00	+ 2,65	— 1,35	+ 4,00	—
1330	—	— 0,08	24,26	— 0,47	— 2,34	— 1,87	— 0,12	+ 2,13	— 1,99	+ 4,12	—
1350	—	+ 0,15	24,41	+ 0,88	— 1,56	— 2,44	— 0,12	+ 1,56	— 2,56	+ 4,12	—
1370	—	+ 0,15	24,56	+ 0,88	— 1,17	— 2,05	— 0,12	+ 1,95	— 2,17	+ 4,12	—
1390	—	— 0,07	24,49	— 0,41	— 2,54	— 2,13	± 0,00	+ 1,87	— 2,13	+ 4,00	—
1410	—	— 0,15	24,34	— 0,88	— 1,95	— 1,07	± 0,00	+ 2,93	— 1,07	+ 4,00	—
1430	—	± 0,00	24,34	± 0,00	— 1,95	— 1,95	± 0,00	+ 2,05	— 1,95	+ 4,00	⋯
1450	—	— 0,08	24,26	— 0,47	— 1,95	— 1,48	— 0,12	+ 2,52	— 1,60	+ 4,1?	—
1470	—	± 0,00	24,26	± 0,00	— 2,15	— 2,15	± 0,00	+ 1,85	— 2,15	+ 4,00	—
1490	—	+ 0,08	24,34	+ 0,47	— 0,98	— 1,45	± 0,00	+ 2,55	— 1,45	+ 4,00	—
1510	—	— 0,08	24,26	— 0,47	— 1,95	— 1,48	± 0,00	+ 2,52	— 1,48	+ 4,00	—
1530	—	— 0,08	24,18	— 0,47	— 1,76	— 1,29	+ 0,12	+ 2,71	— 1,17	+ 3,88	—
1550	—	— 0,15	24,03	— 0,88	— 1,37	— 0,49	± 0,00	+ 3,51	— 0,49	+ 4,00	—
1570	—	— 0,15	23,88	— 0,88	— 0,98	— 0,10	+ 0,12	+ 3,90	+ 0,12	+ 3,88	—
1590	—	± 0,00	23,88	± 0,00	— 1,56	— 1,56	+ 0,25	+ 2,44	— 0,31	+ 3,75	—
1610	—	+ 0,15	24,03	+ 0,88	— 1,37	— 2,25	+ 0,12	+ 1,75	— 2,13	+ 3,88	—
1630	—	+ 0,31	24,34	+ 1,81	— 0,78	— 2,59	± 0,00	+ 1,41	— 2,59	+ 4,00	—
1650	—	+ 0,07	24,41	+ 0,41	— 2,34	— 2,75	— 0,12	+ 1,25	— 2,87	+ 4,12	—
1670	—	— 0,15	24,26	— 0,88	— 2,54	— 1,66	+ 0,12	+ 2,34	— 1,54	+ 3,88	—
1690	—	± 0,00	24,26	± 0,00	— 1,95	— 1,95	+ 0,25	+ 2,05	— 1,70	+ 3,75	—
1710	—	+ 0,23	24,49	+ 1,35	— 1,56	— 2,91	+ 0,12	+ 1,09	— 2,79	+ 3,88	—
1730	—	+ 0,07	24,56	+ 0,41	— 2,54	— 2,95	+ 0,12	+ 1,05	— 2,83	+ 3,88	—
1750	—	+ 0,16	24,72	+ 0,94	— 1,95	— 2,89	+ 0,12	+ 1,11	— 2,77	+ 3,88	—
1770	—	± 0,00	24,72	± 0,00	— 2,73	— 2,73	+ 0,12	+ 1,27	— 2,61	+ 3,88	—
1790	—	+ 0,07	24,79	+ 0,41	— 2,54	— 2,95	+ 0,12	+ 1,05	— 2,83	+ 3,88	—
1810	—	± 0,00	24,79	± 0,00	— 2,34	— 2,34	+ 0,25	+ 1,66	— 2,09	+ 3,75	—
1830	—	+ 0,08	24,87	+ 0,47	— 2,54	— 3,01	+ 0,25	+ 0,99	— 2,76	+ 3,75	—
1850	—	± 0,00	24,87	± 0,00	— 2,73	— 2,73	+ 0,25	+ 1,27	— 2,48	+ 3,75	—
1870	—	+ 0,07	24,94	+ 0,41	— 2,15	— 2,56	+ 0,12	+ 1,44	— 2,44	+ 3,88	—
1890	—	— 0,15	24,79	— 0,88	— 2,93	— 2,07	± 0,00	+ 1,93	— 2,07	+ 4,00	—
1910	—	— 0,07	24,72	— 0,41	— 2,34	— 1,93	+ 0,12	+ 2,07	— 1,81	+ 3,88	—
1930	—	+ 0,15	24,87	+ 0,88	— 2,34	— 3,22	+ 0,12	+ 0,78	— 3,10	+ 3,88	—
1950	—	± 0,00	24,87	± 0,00	— 2,93	— 2,93	+ 0,25	+ 1,07	— 2,68	+ 3,75	—
1970	—	± 0,00	24,87	± 0,00	— 2,15	— 2,15	+ 0,25	+ 1,85	— 1,90	+ 3,75	—
1990	—	— 0,15	24,72	— 0,88	— 2,15	— 1,27	+ 0,12	+ 2,73	— 1,15	+ 3,88	—
2010	—	— 0,08	24,64	— 0,47	— 2,93	— 2,46	+ 0,25	+ 1,54	— 2,21	+ 3,75	—
2030	—	± 0,00	24,64	± 0,00	— 2,34	— 2,34	+ 0,37	+ 1,66	— 1,97	+ 3,63	—
2050	—	± 0,00	24,64	± 0,00	— 1,95	— 1,95	+ 0,25	+ 2,05	— 1,70	+ 3,75	—
2070	—	— 0,08	24,56	— 0,47	— 1,95	— 1,48	+ 0,37	+ 2,52	— 1,11	+ 3,63	—

Zu Tabelle 9.
100-PS-Argus-Doppeltaube. Lfde. Nr. 24. 5. Juni 1912. $\psi = 4{,}0^0$, $\chi = 2{,}22^0$.

Weg des Papierbandes mm	Endgeschw. eines Abschn. m/sec	p m/sec²	v m/sec	ν_0	φ'^0	φ^0	η_0	α^0	β^0	$\alpha^0 - \beta^0$	Reihenfolge
2090	—	$\pm$ 0,00	24,56	$\pm$ 0,00	— 1,76	— 1,76	+ 0,37	+ 2,24	— 1,39	+ 3,63	—
2110	—	— 0,07	24,49	— 0,41	— 1,95	— 1,54	+ 0,12	+ 2,46	— 1,42	+ 3,88	—
2130	—	— 0,08	24,41	— 0,47	— 1,76	— 1,29	+ 0,12	+ 2,71	— 1,17	+ 3,88	—
2150	—	+ 0,08	24,49	+ 0,47	— 1,56	— 2,03	$\pm$ 0,00	+ 1,97	— 2,03	+ 4,00	—
2170	—	+ 0,15	24,64	+ 0,88	— 1,56	— 2,44	+ 0,12	+ 1,56	— 2,32	+ 3,88	—
2190	—	— 0,08	24,56	— 0,47	— 1,95	— 1,48	+ 0,12	+ 2,52	— 1,36	+ 3,88	—
2210	—	— 0,07	24,49	— 0,41	— 1,95	— 1,54	+ 0,12	+ 2,46	— 1,42	+ 3,88	—
2230	—	$\pm$ 0,00	24,49	$\pm$ 0,00	— 1,76	— 1,76	$\pm$ 0,00	+ 2,24	— 1,76	+ 4,00	—
2250	—	+ 0,07	24,56	+ 0,41	— 1,76	— 2,17	$\pm$ 0,00	+ 1,83	— 2,17	+ 4,00	—
2270	—	— 0,07	24,49	— 0,41	— 1,95	— 1,54	— 0,12	+ 2,46	— 1,66	+ 4,12	—
2290	—	— 0,31	24,18	— 1,81	— 1,37	+ 0,44	— 0,12	+ 4,44	+ 0,32	+ 4,12	—
2310	—	— 0,07	24,11	— 0,41	— 1,37	— 0,96	— 0,12	+ 3,04	— 1,08	+ 4,12	—
2330	—	+ 0,07	24,18	+ 0,41	— 1,37	— 1,78	— 0,12	+ 2,22	— 1,90	+ 4,12	—
2350	—	+ 0,23	24,41	+ 1,36	— 2,34	— 3,70	— 0,12	+ 0,30	— 3,82	+ 4,12	—
2370	—	+ 0,23	24,64	+ 1,36	— 1,56	— 2,92	$\pm$ 0,00	+ 1,08	— 2,92	+ 4,00	—
2390	—	— 0,08	24,56	— 0,47	— 2,15	— 1,68	$\pm$ 0,00	+ 2,32	— 1,68	$\div$ 4,00	--
2410	—	$\pm$ 0,00	24,56	$\pm$ 0,00	— 2,34	— 2,34	$\pm$ 0,00	+ 1,66	— 2,34	+ 4,00	—
2430	—	$\pm$ 0,00	24,56	$\pm$ 0,00	— 2,54	— 2,54	+ 0,25	+ 1,46	— 2,29	+ 3,75	—
2450	—	+ 0,08	24,64	+ 0,47	— 2,15	— 2,62	+ 0,37	+ 1,38	— 2,25	+ 3,63	—
2470	—	+ 0,08	24,72	+ 0,47	— 2,93	— 3,40	+ 0,25	+ 0,60	— 3,15	+ 3,75	—
2490	—	$\pm$ 0,00	24,72	$\pm$ 0,00	— 2,34	— 2,34	+ 0,25	+ 1,66	— 2,09	+ 3,75	—
2510	—	— 0,08	24,64	— 0,47	— 2,34	— 1,87	+ 0,25	+ 2,13	— 1,62	+ 3,75	—
2530	—	+ 0,15	24,79	+ 0,88	— 2,15	— 3,03	+ 0,12	+ 0,97	— 2,91	+ 3,88	—
2550	—	+ 0,22	25,01	+ 1,30	— 2,73	— 4,03	+ 0,25	— 0,03	— 3,78	+ 3,75	—
2570	—	— 0,07	24,94	— 0,41	— 2,54	— 2,13	+ 0,25	+ 1,87	— 1,88	+ 3,75	—
2590	—	+ 0,07	25,01	+ 0,41	— 2,34	— 2,75	+ 0,12	+ 1,25	— 2,63	+ 3,88	—
2610	—	— 0,07	24,94	— 0,41	— 2,15	— 1,74	+ 0,12	+ 2,26	— 1,62	+ 3,88	—
2630	—	+ 0,07	25,01	+ 0,41	— 3,71	— 4,12	$\pm$ 0,00	— 0,12	— 4,12	+ 4,00	—
2650	—	+ 0,30	25,31	+ 1,76	— 1,95	— 3,71	$\pm$ 0,00	+ 0,2ᴶ	— 3,71	+ 4,00	--
2670											

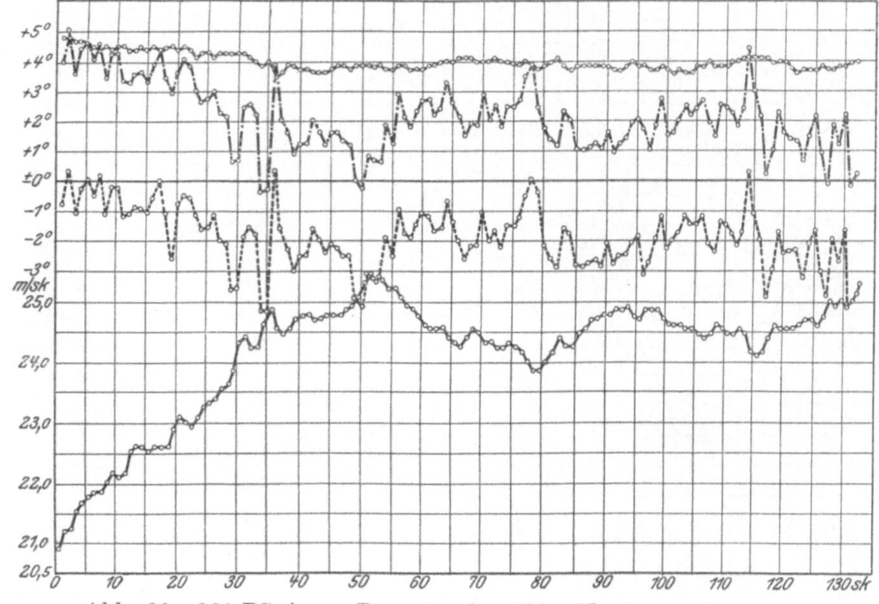

Abb. 30. 100-PS-Argus-Doppeltaube (lfde. Nr. 24), 5. Juni 1912.

Tabelle 10.

100-PS-Argus-Doppeltaube. Lfde. Nr. 25. 5. Juni 1912. $\psi = 4{,}0^0$, $\chi = 2{,}22^0$.

Weg des Papierbandes	Endgeschw. eines Abschn.	p	v	ν^0	φ'^0	φ^0	η^0	α^0	β^0	$\alpha^0-\beta^0$	Reihenfolge
mm	m/sec	m/sec²	m/sec								
300	21,81	+ 0,034	21,76	+ 0,20	+ 1,64	+ 1,44	— 0,79	+ 5,44	+ 0,65	+ 4,79	1
600	22,32	+ 0,089	23,19	+ 0,52	— 0,82	— 1,34	— 0,30	+ 2,66	— 1,64	+ 4,30	3
900	23,66	— 0,009	23,75	— 0,05	— 1,12	— 1,07	— 0,17	+ 2,93	— 1,24	+ 4,17	5
1200	23,52	+ 0,047	23,77	+ 0,28	— 1,15	— 1,43	— 0,30	+ 2,57	— 1,73	+ 4,30	6
1500	24,23	— 0,023	24,03	— 0,14	— 1,70	— 1,56	— 0,10	+ 2,44	— 1,66	+ 4,10	7
1800	23,88	+ 0,067	24,20	+ 0,39	— 1,97	— 2,36	— 0,03	+ 1,64	— 2,39	+ 4,03	8
2100	24,88	+ 0,051	25,45	+ 0,30	— 3,47	— 3,77	+ 0,24	+ 0,23	— 3,53	+ 3,76	27
2400	25,64	+ 0,004	25,44	+ 0,02	— 3,18	— 3,20	+ 0,13	+ 0,80	— 3,07	+ 3,87	26
2700	25,70	+ 0,027	25,94	+ 0,16	— 3,80	— 3,96	+ 0,30	+ 0,04	— 3,66	+ 3,70	29
3000	26,11	— 0,041	25,83	— 0,24	— 3,73	— 3,49	+ 0,35	+ 0,51	— 3,14	+ 3,65	28
3300	25,50	— 0,036	25,19	— 0,21	— 2,61	— 2,40	+ 0,11	+ 1,60	— 2,29	+ 3,89	23
3600	24,96	— 0,011	24,85	— 0,06	— 2,61	— 2,55	+ 0,10	+ 1,45	— 2,45	+ 3,90	18
3900	24,80	— 0,009	24,84	— 0,05	— 2,61	— 2,56	+ 0,10	+ 1,44	— 2,46	+ 3,90	17
4200	24,66	+ 0,009	24,74	+ 0,05	— 2,45	— 2,50	+ 0,10	+ 1,50	— 2,40	+ 3,90	16
4500	24,80	— 0,014	24,60	— 0,08	— 1,98	— 1,90	+ 0,06	+ 2,10	— 1,84	+ 3,94	12
4800	24,59	+ 0,019	24,69	+ 0,11	— 2,21	— 2,32	— 0,13	+ 1,68	— 2,45	+ 4,13	14
5100	24,88	+ 0,021	24,98	+ 0,12	— 2,69	— 2,81	± 0,00	+ 1,19	— 2,81	+ 4,00	21
5400	25,19	+ 0,005	25,28	+ 0,03	— 3,15	— 3,18	+ 0,24	+ 0,82	— 2,94	+ 3,76	24
5700	25,27	— 0,041	24,94	— 0,24	— 2,44	— 2,20	+ 0,15	+ 1,80	— 2,05	+ 3,85	20
6000	24,66 / 25,64	+ 0,065	25,37	+ 0,38	— 2,96	— 3,34	+ 0,21	+ 0,66	— 3,13	+ 3,79	25
Mittelwerte			24,98	—	—	—	—	+ 1,34	— 2,52	+ 3,86	

(Lfde. Nr. 24 aus Papierbandstrecke 900—2640; Nr. 25 aus Papierbandstrecke 2100—6000.)

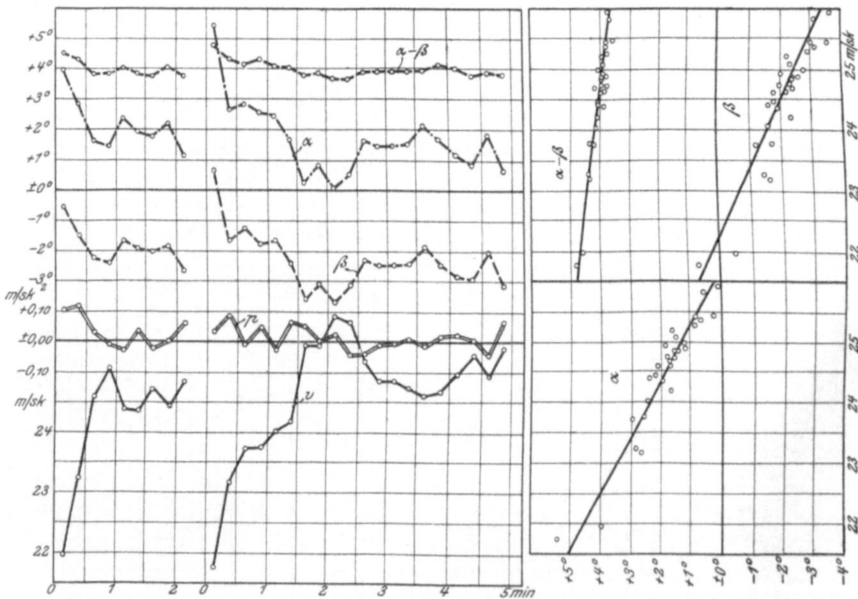

Abb. 31. 100-PS-Argus-Doppeltaube (lfde. Nr. 24, 25), 5. Juni 1912.

Tabelle 11.

100-PS-Argus-Doppeltaube. Lfde. Nr. 26. 6. Juni 1912. $\psi_{,} = 4{,}0^0$, $\chi = 2{,}22^c$.

Weg des Papierbandes mm	Endgeschw. eines Abschn. m/sec	p m/sec²	v m/sec	ν^0	φ'^0	φ^0	η^0	a^0	β^0	$a^0 - \beta^0$	Reihenfolge
300	22,92	— 0,106	22,20	— 0,62	+ 2,45	+ 3,07	— 1,03	+ 7,07	+ 2,04	+ 5,03	2
600	21,33	+ 0,143	22,68	+ 0,84	+ 0,77	— 0,07	— 0,67	+ 3,93	— 0,74	+ 4,67	3
900	23,48	+ 0,042	23,84	+ 0,25	— 0,48	— 0,73	— 0,28	+ 3,27	— 1,01	+ 4,28	7
1200	24,11	— 0,005	23,90	— 0,03	— 0,68	— 0,65	— 0,29	+ 3,35	— 0,94	+ 4,29	8
1500	24,03	+ 0,031	24,17	+ 0,18	— 0,73	— 0,91	— 0,48	+ 3,09	— 1,39	+ 4,48	9
1800	24,49	+ 0,055	25,08	+ 0,32	— 1,98	— 2,30	— 0,14	+ 1,70	— 2,44	+ 4,14	18
2100	25,31	+ 0,015	25,54	+ 0,09	— 2,41	—· 2,50	+ 0,06	+ 1,50	— 2,44	+ 3,94	27
2400	25,53	+ 0,024	25,82	+ 0,14	— 2,72	— 2,86	+ 0,10	+ 1,14	— 2,76	+ 3,90	31
2700	25,89	— 0,019	25,68	— 0,11	— 2,18	— 2,07	— 0,08	+ 1,93	— 2,15	+ 4,08	30
3000	25,60	— 0,039	25,30	— 0,23	— 1,59	— 1,36	— 0,19	+ 2,64	— 1,55	+ 4,19	22
3300	25,01	— 0,009	24,78	— 0,05	— 1,40	— 1,35	— 0,12	+ 2,65	— 1,47	+ 4,12	13
3600	24,87	+ 0,039	25,30	+ 0,23	— 2,18	— 2,41	+ 0,04	+ 1,59	— 2,37	+ 3,96	23
3900	25,45	— 0,044	25,11	— 0,25	— 1,31	— 1,06	— 0,15	+ 2,94	— 1,21	+ 4,15	19
4200	24,79	+ 0,069	24,89	+ 0,40	— 2,11	— 2,51	— 0,20	+ 1,49	— 2,71	+ 4,20	15
4500	25,82	— 0,005	25,96	— 0,03	— 2,96	— 2,93	+ 0,08	+ 1,07	— 2,85	+ 3,92	32
4800	25,74	— 0,019	25,63	— 0,11	— 2,37	— 2,26	+ 0,05	+ 1,74	— 2,21	+ 3,95	29
5100	25,45	— 0,005	25,35	— 0,03	— 1,93	— 1,90	— 0,09	+ 2,10	— 1,99	+ 4,09	25
5400	25,38	— 0,034	25,11	— 0,20	— 1,41	— 1,21	— 0,21	+ 2,79	— 1,42	+ 4,21	20
5700	24,87	+ 0,015	25,06	+ 0,09	— 1,62	— 1,71	— 0,22	+ 2,29	— 1,93	+ 4,22	16
6000	25,09	+ 0,015	25,32	+ 0,09	— 2,11	— 2,20	— 0,19	— 1,80	— 2,39	+ 4,19	24
	25,31										

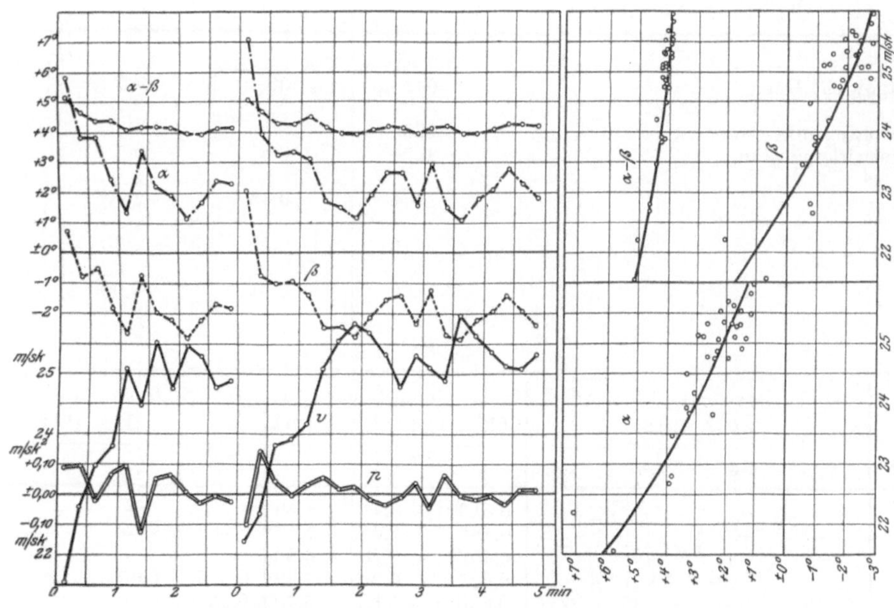

Abb. 32. 100-PS-Argus-Doppeltaube (lfde. Nr. 28 und 26, 6. Juni 1912).

Tabelle 12.

100-PS-Argus - Doppeltaube. Lfde. Nr. 28. 6. Juni 1912. $\psi = 4{,}0^0$, $\chi = 2{,}22^0$.

Weg des Papier-bandes mm	Endge-schw. eines Abschn. m/sec	p m/sec²	v m/sec	ν^0	φ'^0	φ^0	η^0	α^0	β^0	$\alpha^0 - \beta^0$	Reihenfolge
300	20,89	+ 0,086	21,55	+ 0,50	+ 2,30	+ 1,80	— 1,11	+ 5,80	+ 0,69	+ 5,11	1
600	22,18	+ 0,092	22,80	+ 0,54	+ 0,36	— 0,18	— 0,62	+ 3,82	— 0,80	+ 4,62	4
900	23,56	— 0,021	23,47	— 0,12	— 0,31	— 0,19	— 0,34	+ 3,81	— 0,53	+ 4,34	5
1200	23,25	+ 0,063	23,80	+ 0,37	— 1,19	— 1,56	— 0,38	+ 2,44	— 1,94	+ 4,38	6
1500	24,18	+ 0,095	25,07	+ 0,55	— 2,10	— 2,65	— 0,04	+ 1,35	— 2,69	+ 4,04	17
1800	25,60	— 0,125	24,49	— 0,73	— 1,35	— 0,62	— 0,14	+ 3,38	— 0,76	+ 4,14	10
2100	23,72	+ 0,051	25,54	+ 0,30	— 1,49	— 1,79	— 0,19	+ 2,21	— 1,98	+ 4,19	28
2400	24,49	+ 0,064	24,75	+ 0,37	— 1,71	— 2,08	— 0,17	+ 1,92	— 2,25	+ 4,17	11
2700	25,45	+ 0,005	25,47	+ 0,03	— 2,83	— 2,86	+ 0,03	+ 1,14	— 2,83	+ 3,97	26
3000	25,53	— 0,029	25,29	— 0,17	— 2,49	— 2,32	+ 0,05	+ 1,68	— 2,27	+ 3,95	21
3300	25,09	— 0,005	24,75	— 0,03	— 1,64	— 1,61	— 0,10	+ 2,39	— 1,71	+ 4,10	12
3600	25,01	— 0,025	24,86	— 0,14	— 1,84	— 1,70	— 0,13	+ 2,30	— 1,83	+ 4,13	14
	24.64										
Mittelwerte		25,21		—	—	—	—	+ 1,99	— 2,09	+ 4,08	

(lfde. Nr. 26, aus Papierbandweg 1800—6000; lfde. Nr. 28, aus Papierbandweg 1500—3600).

Tabelle 13.
Auftriebs- und Widerstandskoeffizienten.

$$\zeta_A = \frac{G \cdot g}{F \cdot \gamma \cdot v^2} \qquad \zeta_W = \frac{\eta \cdot L \cdot g}{F \cdot \gamma \cdot v^3}$$

	50-PS-Mercedes	50-PS-Gnom-Spezialtyp	50-PS-Gnom	100-PS-Argus-Doppeltaube
Gesamtgewicht G kg	645	430	645	{ 810 [1] / 735 [2] / 800 [3] }
Motorleistung mkg/sec	3375	—	3000	7500
Propellerwirkungsgrad η	0,5	0,5	0,5	0,5
β^0 m	— 1,74	— 0,48	— 2,70	{ — 1,68 [1] / — 2,52 [2] / — 2,09 [3] }
χ^0	+ 2,70	+ 0,50	+ 2,70	+ 2,22
β^0 m + χ^0	+ 0,96	+ 0,02	± 0,00	{ + 0,54 [1] / — 0,30 [2] / + 0,13 [3] }

v	50-PS-Mercedes. Lfde. Nr. 9 21. 3. 1912				50-PS-Gnom-Spezialtyp. Lfd.Nr.11,14. 3.,6. 5.1912			50-PS-Gnom. Lfde. Nr. 20 21. 5. 1912			
m/sec	ζ_A	ζ_W	$\alpha^0 - \beta^0$	i^0	ζ_A	$\alpha^0 - \beta^0$	i^0	ζ_A	ζ_W	$\alpha^0 - \beta^0$	i^0
15,0	—	—	—	—	0,513	+ 8,41	+ 8,43	—	—	—	—
15,5	—	—	—	—	0,482	+ 7,65	+ 7,67	—	—	—	—
16,0	—	—	—	—	0,452	+ 6,90	+ 6,92	—	—	—	—
16,5	0,375	0,059	+ 5,11	+ 6,07	0,425	+ 6,30	+ 6,32	0,375	0,052	+ 6,45	+ 6,45
17,0	0,353	0,054	+ 4,80	+ 5,76	0,400	+ 5,68	+ 5,70	0,353	0,048	+ 6,00	+ 6,00
17,5	0,333	0,050	+ 4,26	+ 5,22	0,379	+ 5,25	+ 5,27	0,333	0,044	+ 5,66	+ 5,66
18,0	0,315	0,046	+ 3,85	+ 4,81	0,356	+ 4,85	+ 4,87	0,315	0,041	+ 5,40	+ 5,40
18,5	0,298	0,042	+ 3,40	+ 4,36	—	—	—	0,298	0,038	+ 5,16	+ 5,16
19,0	—	—	—	—	—	—	—	0,283	0,034	+ 5,00	+ 5,00

[1]) Lfde. Nr. 23. 5. 6. 1912.
[2]) Lfde. Nr. 24, 25. 5. 6. 1912.
[3]) Lfde. Nr. 26, 28. 6. 6. 1912.

100-PS-Argus-Doppeltaube.

v m/sec	ζ_W	Lfde. Nr. 23			Lfde. Nr. 24 und 25			Lfde. Nr. 26 und 28		
		ζ_A	$\alpha^0-\beta^0$	i^0	ζ_A	$\alpha^0-\beta^0$	i^0	ζ_A	$\alpha^0-\beta^0$	i^0
21,0	0,088	0,400	+ 5,82	+ 6,36	—	—	—	—	—	—
21,5	0,082	0,382	+ 5,60	+ 6,14	0,347	+ 4,74	+ 4,44	0,378	+ 5,10	+ 5,23
22,0	0,077	0,365	+ 5,35	+ 5,89	0,331	+ 4,62	+ 4,32	0,361	+ 4,90	+ 5,03
22,5	0,072	0,348	+ 5,14	+ 5,68	0,317	+ 4,50	+ 4,20	0,345	+ 4,73	+ 4,86
23,0	0,067	0,333	+ 4,95	+ 5,49	0,303	+ 4,37	+ 4,07	0,330	+ 4,58	+ 4,71
23,5	0,063	0,319	+ 4,80	+ 5,34	0,290	+ 5,25	+ 3,95	0,316	+ 4,43	+ 4,56
24,0	0,059	0,306	+ 4,62	+ 5,16	0,278	+ 4,13	+ 3,83	0,303	+ 4,30	+ 4,43
24,5	0,056	0,294	+ 4,49	+ 5,03	0,267	+ 4,00	+ 3,70	0,291	+ 4,19	+ 4,32
25,0	0,052	0,282	+ 4,37	+ 4,91	0,256	+ 3,86	+ 3,56	0,279	+ 4,08	+ 4,21
25,5	0,049	—	—	—	0,246	+ 3,72	+ 3,42	0,268	+ 4,01	+ 4,14
26,0	0,046	—	—	—	0,237	+ 3,60	+ 3,30	0,258	+ 3,94	+ 4,07

Ein Vergleich der bei den einzelnen Flugzeugen gewonnenen ζ_A-Kurven zeigt, daß die Kurve für den 50-PS-Gnom-Spezialtyp am höchsten liegt. Etwas tiefer kommt die Kurve des 50-PS-Mercedes, ihr folgt diejenige der 100-PS-Argus-Doppeltaube und gleichzeitig mit dieser diejenige des 50-PS-Gnom.

Die Zeichnung der Querschnitte (Abb. 19) läßt erkennen, daß sich dieselben ihrem Wölbungspfeil nach in folgende Reihenfolge bringen lassen. An erster Stelle steht der 50-PS-Gnom-Spezialtyp mit $^1/_{19}$ Pfeil, ihm schließen sich an der 50-PS-Mercedes, dessen Kurve nach hinten zu etwas aufgewölbt ist, mit $^1/_{20,7}$, der 50-PS-Gnom mit $^1/_{24,4}$ und endlich die 100-PS-Argus-Doppeltaube mit $^1/_{31,3}$ Pfeil.

Das Gesetz, daß der Auftrieb von gewölbten Flächen mit ihrer Durchwölbung wächst, wird durch die den Pfeilhöhen entsprechend abgestuften ζ_A-Kurven bestätigt. Allerdings liegt die Kurve für die 100-PS-Argus-Doppeltaube günstiger, als dieser Forderung allein entsprechen würde, sie kommt der Höhe der Kurve des 50-PS-Gnom etwa gleich. Das Flächenprofil der 100-PS-Argus-Doppeltaube ist nach hinten zu stark geschärft. Es ist anzunehmen, daß damit seine Güte verbessert wurde.

Für die ζ_W-Kurven würde sich ein ähnlicher Vergleich aufstellen lassen, wenn er durch genauere Kenntnis der Motorleistung gerechtfertigt wäre und nicht noch die ζ_W-Werte die Widerstände des Gerippes usw. enthielten.

Es zeigt sich, daß die ζ_W-Kurven in etwa doppelter Höhe über den an Modellflächenkurven liegen, was bedeutet, daß eine Größengleichheit zwischen aerodynamischem und schädlichem Widerstand besteht.

Eiffel hat an seinen Modellen von Flugzeugen eine entsprechende Beobachtung gemacht.

V. Zusammenfassung und Ausblick.

Die verschiedenen Ergebnisse der geschilderten Messungen an Flugzeugen lassen sich in wenigen Zügen zusammenfassen.

Etwas unbedingt Neues wurde durch die Versuche nicht aufgedeckt, wohl aber wurde manche Erfahrung des ausübenden Fliegers bestätigt, und für den Flugzeugerbauer Instrumente ausprobiert, welche ihn befähigen, mit guter Sicherheit den aerodynamischen Wert seiner Bauart zu erkennen und mit anderen Flugzeugen zu vergleichen.

Ein Beharrungszustand im Fluge, welcher für die Verhältnisse in wagerechter Fahrt gelten könnte, wurde bei keinem der Flugzeuge erreicht. Den Führern fehlte ein Anhalt, nach welchem sie ihr Flugzeug in gleichbleibender Höhe hätten steuern können. Das Gefühl für die Höhe allein reichte keineswegs aus.

Nachdem die vorliegenden Versuche abgeschlossen und ausgewertet waren, erschienen Veröffentlichungen[1]) über ähnliche Versuche an Flugzeugen, ausgeführt von der englischen Royal Aircraft Factory. Die dort wiedergegebenen Geschwindigkeits-Zeitdiagramme einzelner Flüge zeigen genau dasselbe Verhalten, wie es aus den hier beschriebenen Originalkurven und den daraus errechneten Kurven zu ersehen war. Auch dort wurde kein Beharrungszustand im Fluge erreicht, da das Flugzeug ständig seine Geschwindigkeit wechselte.

Es wäre denkbar, daß mit Hilfe eines sehr empfindlichen Barometers oder eines guten Geschwindigkeitszeigers der Führer eine genau gerichtete Fahrt einzuhalten vermag. Aus Führerkreisen wurde schon häufig der Wunsch für solche Instrumente laut, doch die Schwierigkeiten für den Bau eines zuverlässigen Geschwindigkeitszeigers wurden bisher noch nicht überwunden.

Der Flugzeugführer besitzt durch einen Geschwindigkeitszeiger ein treffliches Mittel, um das Flugzeug mit der geeignetsten Geschwindigkeit zu steuern, ferner, um Geschwindigkeitsbereiche, die für das Flugzeug gefährlich werden können, sei es während des Aufsteigens oder während des Absteigens, zu vermeiden.

Leider wird sich eine Druckscheibe, trotz ihrer so einfachen Bauart, in den meisten Fällen zu einem Geschwindigkeitszeiger wenig eignen können, da sie in der Nähe des Führersitzes angebracht die Geschwindigkeit ungenau anzeigen wird. Andere Instrumente, z. B. die Pitotröhre, würden sich eher eignen, wenn sie zulassen, daß Instrument und Anzeigevorrichtung räumlich getrennt voneinander aufgestellt werden können.

Erhebliche Windstöße auf das Flugzeug, von Unregelmäßigkeiten in der Luft herrührend, wurden nur während eines Versuchsfluges festgestellt und haben die beträchtliche Größe und den schnellen Wechsel solcher Böen gezeigt. Der Flugzeugerbauer erhält durch solche Flüge wertvolle Messungen, nach welchen er die Beanspruchungen, denen ein Flugzeug vielfach ausgesetzt ist, zu beurteilen in der Lage ist. Dieser eine Böenflug mußte ein zufälliges Ergebnis der Versuche bleiben, da es wegen der beschränkten Versuchsmittel nicht angängig war, besondere Sturmflüge durchzuführen. Meßvorrichtungen für solche Untersuchungen müssen bei guter Dämpfung doch leicht folgend und nicht träge sein. Die Druckscheibe und die horizontale Windfahne haben dieser Forderung entsprochen, nicht aber das Pendel, das schon bei geringen Geschwindigkeitsschwankungen niemals genügend zur Ruhe gekommen ist. Ein empfindlicher Barograph wird an Stelle des Pendels gute Aufschlüsse bringen können, namentlich aber auch die sehr gefürchteten vertikalen Böen in ihrer Größe erkennen lassen. In diesen Fällen ist es notwendig, daß auf eine etwaige Abweichung der relativen Luftströmung, durch die Tragfläche

---

[1]) Technical Report of the Advisory Commitee for Aeronautics 1911/12.

hervorgerufen, mit Hilfe eines Instrumentes zur Bestimmung der horizontalen Richtung an der Meßstelle geprüft wird. Mit Windfahnen und Barometer lassen sich dann durch Umrechnung ihrer Angaben die Winkelgrößen bestimmen.

Eine richtig geleitete Flugzeugwerkstatt verspricht sich von einer neu auf den Markt gebrachten Flugzeugart nur dann Erfolg, wenn sie für das gute aerodynamische Verhalten des Flugzeuges bürgen kann. Leider ist dies häufig nicht der Fall. Ein kräftiger Motor muß herhalten und das wieder gut machen, was am Flugzeug selbst verbaut wurde.

In dieser Arbeit wurde gezeigt, wie die Trageigenschaften der Flugzeugflächen festgestellt werden können. Daß dies nur mit einer gewissen Annäherung geschah, lag daran, daß von der Umständlichkeit einer jedesmaligen Flugzeugwägung abgesehen wurde.

Der Widerstand, den ein Flugzeug im ganzen besitzt, ist mit dem Schraubenzug übereinstimmend. Er könnte hier nur mit recht geringer Genauigkeit abgeschätzt werden. Die Schaffung eines Zugmessers, der schnell in ein Flugzeug einzubauen ist, wäre für seine Bestimmung erforderlich. Erst dann ist es möglich, auch über die Widerstandsgrößen eines Flugzeuges Bestimmtes auszusagen. Die Vermutung liegt nahe, daß dann noch weit größerer Wert auf Vermeidung schädlicher Widerstände gelegt wird, als es jetzt der Fall ist. Der Abnehmer von Flugzeugen besitzt durch solche Messungen ein Mittel, um verlangte Eigenschaften des gekauften Flugzeuges nachzuprüfen. Der Verkäufer hingegen kann sich außerdem durch sie einen Beleg verschaffen, nach welchem er den Nachweis guter Bauart darzulegen imstande ist.

Bei allen Untersuchungen ist die einschneidende Frage der Flugzeugstabilität außer acht gelassen worden. Die Vorzüglichkeit der Tragflächen allein kann und darf aber kein Maßstab für die Brauchbarkeit eines Flugzeuges sein; denn Mittel zur Erreichung guter Stabilität, wie geeignete Verteilung und Gestaltung von Trag-, Richt- und Steuerflächen, können sehr wohl das Verhältnis vom Widerstand zum Auftrieb einer Tragfläche vergrößern.

Die Erforschung der Flugzeugstabilität bleibt ausgedehnten und gut vorbereiteten Versuchen vorbehalten. Eine weit größere Anzahl von Instrumenten wird hierfür erforderlich, als sie für die Bestimmung der Eigengeschwindigkeit und der Flugwinkel eines Flugzeugs gerade ausreichend war.

Ein einwandfreier Maßstab für den Wert eines Flugzeugs wird erst dann geschaffen sein, wenn es gelingt, Längs- und Seitenstabilität, die Steuerfähigkeit, die Trag- und Widerstandseigenschaften durch Versuchsflüge zu bestimmen.

Die verschiedenen Staaten, welche für große Flugzeugaufträge Abnahmebedingungen vorgeschrieben haben, halten sich bis jetzt mit Recht ausschließlich an die praktische Verwertbarkeit eines Flugzeuges. Ein durchaus schlechtes Flugzeug wird solchen Bedingungen wohl kaum entsprechen können; daß sie zu führen sind, namentlich dann, wenn der Motor gut ist, wird durch die Prüfung erwiesen. Der längere Gebrauch nachher aber wird entscheiden, welche Stabilitätsvorzüge die Bauart hat. Diese zu ergründen, ist bisher dem Empfinden und der Liebhaberei der einzelnen Flugzeugführer überlassen gewesen. Welche Vorzüge eine systematische Stabilitätsprüfung für solche Abnahmen haben wird, liegt klar zutage.

Universitäts-Buchdruckerei von Gustav Schade (Otto Francke)
Berlin und Bernau.

Verlag von Julius Springer in Berlin.

Luftfahrt und Wissenschaft.

In freier Folge herausgegeben

von

Joseph Sticker.

Schriftleitung und Verwaltung der Stiftungen:

Professor **A. Berson**,   Dipl.-Ing. **C. Eberhardt**,

Gerichtsassessor **J. Sticker**,   Professor Dr. **R. Süring**,

Wirkl. Geh. Oberbaurat Dr. **H. Zimmermann**.

Bisher erschienen:

1. Heft: **Luftfahrtrecht.** Von Dr. jur. **Josef Kohler**, Geh. Justizrat, ordentlicher Professor der Rechte an der Universität Berlin. VI und 45 Seiten. Preis M. 1,20. (Stiftung des Kaiserlichen Aero-Clubs, Berlin.)

2. Heft: **Experimentelle Untersuchungen aus dem Grenzgebiet zwischen drahtloser Telegraphie und Luftelektrizität.** Von Dr. **M. Dieckmann**, Privatdozent für reine und angewandte Physik an der Kgl. Technischen Hochschule München. 1. Teil: **Die Empfangsstörung.** VIII und 73 Seiten. Mit 56 Abbildungen. Preis M. 3,—. (Stiftung des Berliner Vereins für Luftschiffahrt, Berlin.)

3. Heft: **Zur Physiologie und Hygiene der Luftfahrt.** Von Dr. med. **N. Zuntz**, Geh. Regierungsrat, Professor der Physiologie an der Landwirtschaftlichen Hochschule Berlin. V und 67 Seiten. Mit 11 Textfiguren. Preis M. 2,—. (Stiftung des Magdeburger Vereins für Luftschiffahrt, Magdeburg.)

4. Heft: **Stoffdehnung und Formänderung der Hülle von Prall-Luftschiffen.** Untersuchungen im Luftschiffbau der Siemens-Schuckert-Werke. Von Dr.-Ing. **Rudolf Haas** und Dipl.-Schiffbauingenieur **Alexander Dietzius**, Privatdozent für Luftschiffbau an der Königl. Technischen Hochschule zu Berlin. IX und 134 Seiten. Mit 138 Textfiguren. Preis M. 6,—.

5. Heft: **Die Erforschung des tropischen Luftozeans in Niederländisch-Ost-Indien.** Von Dr. **W. van Bemmelen**, Direktor des Königl. Magnetischen und Meteorologischen Observatoriums in Batavia. VII und 50 Seiten. Mit 13 Textfiguren. Preis M. 2,40. (Stiftung G. v. H.-Ryssen, Holland.)

6. Heft: **Versuche an Doppeldeckern zur Bestimmung ihrer Eigengeschwindigkeit und Flugwinkel.** Von Dr.-Ing. **Wilhelm Hoff**, Leiter der Flugzeugabteilung der Deutschen Versuchsanstalt für Luftfahrt E. V. in Berlin-Adlershof. V und 57 Seiten. Mit 32 Abbildungen. Preis M. 4,—. (Stiftung des „Vogtländischen Vereins für Luftschiffahrt", Plauen i. V.)

Demnächst erscheinen:

Tabellen zur astronomischen Ortsbestimmung. Von Dr. **A. Kohlschütter**, Astronom am Mt. Wilson Solar Observatory, Pasadena, Cal.

Die Querschnittsformen der Vogelflügel und ihre Verwertung für Luftschrauben. Von Dipl.-Ing. **C. Eberhardt**, Ingenieur beim Luftschiffer-Bataillon, Berlin.

Experimentelle Untersuchungen aus dem Grenzgebiet zwischen drahtloser Telegraphie und Luftelektrizität. Von Dr. **M. Dieckmann**, Privatdozent für reine und angewandte Physik an der Kgl Techn. Hochschule München. 2. Teil: **Die Reichweitenänderung.**

Die Untersuchung der Flugzeug- und Luftschiff-Maschinen. Von Professor **A. Wagener**, Leiter des Maschinen-technischen Laboratoriums der Kgl. Techn. Hochschule Danzig.

Zu beziehen durch jede Buchhandlung.